Cyrill Seifert

LOKS UND TRIEBWAGEN DER *RHÄTISCHEN BAHN*

seit 1889

trans press

Einbandgestaltung: Luis dos Santos
Fotos: C. Seifert
Bildnachweis:
Die zur Illustration dieses Buches verwendeten Aufnahmen stammen – wenn nichts anderes vermerkt ist (s. u.) – vom Verfasser.

ISBN 978-3-613-71678-0

1. Auflage 2023

Sie finden uns im Internet unter www.transpress.de

Lektor: Hartmut Lange
Innengestaltung: Hannes Dänekas, DÄNEKAS GRAFIK. ILLUSTRATION
Repro: Hannes Dänekas
Druck + Bindung: GPS
Printed in Bosnia-Herzegovina

Die Rhätische Bahn

Was im Oktober 1889 mit ein paar Dampfzügen zwischen Landquart und Klosters begann, entwickelte sich bis heute zur größten und bei den Eisenbahnfreunden sehr beliebten Schmalspurbahn im Bahnland Schweiz. Die Rhätische Bahn (RhB) ist zu 51,3% im Besitz des Kantons Graubünden und hat geschätzte 1'500 Mitarbeiter in den unterschiedlichsten Berufen. Die meterspurige Privatbahn hat eine Netzlänge von 384 km und ist der wichtigste Anbieter des öffentlichen Verkehrs im Kanton Graubünden. Seit der Stilllegung der Misoxerlinie ist die RhB – abgesehen von ein paar Kilometern in Italien – nur im Kanton Graubünden unterwegs. Das Streckennetz hat in Landquart und Chur Anschlüsse zur SBB, in Disentis/Mustér zur Matterhorn-Gotthard-Bahn (MGBahn) sowie in Tirano (I) zur italienischen Staatsbahn.

			Elektrifikation
Eröffnung	Landquart - Klosters (als LD)	09.10.1889	07.11.1921
Eröffnung	Klosters - Davos Dorf (als LD)	21.07.1890	01.12.1920
Eröffnung	Davos Dorf - Davos Platz (als LD)	21.07.1890	22.12.1919
Ereignis	Namensänderung der LD in RhB	25.06.1895	
Eröffnung	Chur - Thusis	01.07.1896	01.04.1921
Eröffnung	Chur - Landquart	29.08.1896	01.04.1921
Eröffnung	Reichenau - Ilanz	01.06.1903	01.06.1922
Eröffnung	Thusis - Filisur	01.07.1903	15.10.1919
Eröffnung	Filisur - Bever	01.07.1903	20.04.1919
Eröffnung	Bever - Celerina	01.07.1903	01.07.1913
Eröffnung	Celerina - St. Moritz	10.07.1904	01.07.1913
Eröffnung	Bellinzona - Lostallo (als BM)	06.05.1907	06.05.1907
Eröffnung	Lostallo - Mesocco (als BM)	31.07.1907	31.07.1907
Eröffnung	Samedan - Pontresina	01.07.1908	01.07.1913
Eröffnung	Poschiavo - Tirano (als BB)	01.07.1908	01.07.1908
Eröffnung	Pontresina - Morteratsch (als BB)	01.07.1908	01.07.1908
Eröffnung	Celerina Staz - Pontresina (als BB)	18.08.1908	18.08.1908
Eröffnung	Morteratsch - Bernina Suot (als BB)	18.08.1908	18.08.1908
Eröffnung	St. Moritz - Celerina Staz (als BB)	01.07.1909	01.07.1909
Eröffnung	Davos Platz - Filisur	01.07.1909	22.12.1919
Eröffnung	Bernia Suot - Ospizio Bernina (als BB)	01.07.1909	01.07.1909
Eröffnung	Ospizio Bernina - Poschiavo (als BB)	05.07.1910	05.07.1910
Eröffnung	Ilanz - Disentis/Mustér	01.08.1912	01.06.1922
Eröffnung	Bever - Scuol-Tarasp	01.07.1913	01.07.1913
Eröffnung	Chur - Arosa (als ChA)	12.12.1914	12.12.1914
Übernahme	Übernahme der ChA durch die RhB	01.01.1942	
Übernahme	Übernahme der BM durch die RhB	01.01.1942	
Übernahme	Übernahme der BB durch die RhB	01.01.1943	
Eröffnung	Selfranga - Sagliains / Susch	22.11.1999	22.11.1999
Ereignis	Albula- und Berninalinie Aufnahme als Unesco - Weltkulturerbe	07.11.2008	
Ereignis	Weltrekord "längster Personenzug der Welt"	29.10.2022	

Eine Fahrt über die Strecken der RhB ist weit mehr als nur eine simple Zugfahrt. Es ist wahrlich ein Genuss mit interessantem Rollmaterial durch eine faszinierende Landschaft in der Südostschweiz.

Die Triebfahrzeuge der Rhätischen Bahn

Wie bei vielen anderen Bahnen auch begann bei der RhB der Bahnverkehr mit Kohle und Dampf. Interessant ist aber, dass einige Linien gleich schon mit elektrischem Betrieb eröffnet werden konnten. Weil die Elektrifikation des gesamten Netzes bereits 1922 abgeschlossen werden konnte, war den Dampflokomotiven bei der RhB kein langes Leben vergönnt. Da sie aber noch relativ jung und in gutem Zustand waren, ließen sich die meisten Maschinen problemlos weiterverkaufen, viele davon ins Ausland. Bis Mitte der Vierzigerjahre dominierten die typischen, formschönen Stangenlokomotiven den Triebfahrzeugpark. Die drei später von der RhB übernommenen Bahngesellschaften BB (Berninabahn), BM (Bellinzona – Mesocco) und ChA (Chur – Arosa) wurden schon von Beginn an elektrisch betrieben. Triebwagen gab es vor allem auf den drei übernommenen Bahnen, auf der RhB selber hielten Ende der Dreißigerjahre die ersten vier Triebwagen Einzug. Bereits etwas früher, 1927 und 1930, bekam die RhB ihre ersten beiden Rangiertraktoren. Ab Mitte der Vierzigerjahre entwickelte sich der Triebfahrzeugpark weiter und die RhB beschaffte auch für die drei übernommenen Bahnen neues Rollmaterial, um Fahrzeuge aus der Gründerzeit ersetzen zu können. Danach wurden mit den Ge 4/4″ und Ge 4/4‴ hauptsächlich zugkräftige Lokomotiven angeschafft, ebenso konnten neue Fahrzeuge für den Rangierdienst, für den Baudienst und für die Infrastruktur in Betrieb genommen werden. Eine wichtige Rolle spielten schon immer

Fahrzeuge für die Schneeräumung. So hatte mehr oder weniger jede Strecke ihre Fahrzeuge für die Schneeräumung. Wie bei vielen anderen Bahnen oder der SBB auch wurden in letzter Zeit mehrheitlich ganze Triebzüge angeschafft, damit konnte an den Endbahnhöfen jeweils auf die Umfahrungsmanöver verzichtet werden. Auch wenn mit der Inbetriebnahme der kompletten Serie der Gattung »Capricorn« der Triebfahrzeugpark vereinheitlicht wird, ist er für den Eisenbahnfan weiterhin von Interesse. Natürlich muss nicht komplett auf historische Fahrzeuge verzichtet werden. Die RhB selber und Vereine erhalten und pflegen ihre historisch wertvollen Fahrzeuge und ein beachtlicher Teil davon ist regelmäßig auf Sonderfahrten oder bei besonderen Anlässen in Betrieb zu sehen. Somit bietet das Rollmaterial der RhB einen interessanten Querschnitt durch die Schweizer Bahngeschichte mit einem Mix aus historischen Fahrzeugen und modernem Rollmaterial, welches den aktuellen Sicherheitsbestimmungen entspricht. Nicht zu vergessen sind zahlreiche schienengängige Interventionsfahrzeuge für Notfälle aller Art, da diverse Streckenabschnitte des RhB-Netzes von der Straße her nur schwer oder gar nicht zugänglich sind.

Cyrill Seifert, Effretikon

INHALT

ERHALTENE TRIEBFAHRZEUGE 96 - 126

VERSCHWUNDENE FAHRZEUGSERIEN 127 - 141

ABKÜRZUNGEN, LINKS, QUELLEN 142 - 143

G 3/4 1 »Rhätia«

Für die Schmalspurbahn Landquart-Davos AG (LD) baute die SLM ab 1889 fünf Tenderdampflokomotiven mit einer vorderen Laufachse, welche die Bezeichnung G 3/4 1 – 5 erhielten. Der steigende Verkehr und der Ausbau des Bahnnetzes verlangten aber schon bald nach mehr Lokomotiven. So lieferten die SLM in vier Tranchen elf weitere, nahezu baugleiche Dampflokomotiven. Um eine entsprechend leistungsfähige Dampfmaschine bei einer Achslast von 8,5 t unterzubringen, wurden die Lokomotiven mit einer Laufachse am vorderen Fahrzeugende versehen, was auch der Laufruhe zugutekam. Zwischenzeitlich wurden einige Mallet-Dampflokomotiven ausgeliefert. Dennoch war diesen formschönen Dampfloks leider ein nicht allzu langes Leben bei der RhB bestimmt, da schon früh mit der Elektrifizierung begonnen wurde und kurz danach zugkräftigere elektrische Stangenlokomotiven zur Verfügung standen. Zwischen 1917 und 1950 wurde ein großer Teil der Lokomotiven ins Ausland (Luxemburg, Brasilien, Spanien) oder an andere Bahnen in der Schweiz verkauft. Immerhin drei Lokomotiven sind bis heute in der Schweiz erhalten geblieben. Die G 3/4 1 »Rhätia« war von 1970 bis 1988 bei der Westschweizer Museumsbahn Blonay – Chamby (BC) im Einsatz und kehrte danach wieder zur RhB zurück. Die Lok führte zahlreiche Extrazüge und war ein viel beachteter Gast bei Jubiläen und anderen Anlässen. Seit September 2014 ist die Lok wegen defekter Siederohre abgestellt, soll aber nach gesicherter Finanzierung wieder aufgearbeitet werden. Bei der RhB selber wurden nur die beiden Lokomotiven 2 und 13 abgebrochen. Innerhalb der drei Baulose 1 – 5, 6 – 8 und 9 – 16 gab es zwischen den Lokomotivserien diverse, kleinere Unterschiede.

Erbauer:	**SLM**
Inbetriebsetzung:	**1889**
v max:	**45 km/h**
Dienstgewicht:	**30,2 t**
Leistung:	**250 PS**
Länge über Puffer:	**7'945 mm**
angetriebene Achsen:	**3**
Anstrich:	**schwarz, Führerhaus zeitweise grün**
Anzahl total:	**16**
noch vorhanden:	**3**

1	1889 / SLM 577	1970 leihweise an BC, 1988 zurück an RhB
2	1889 / SLM 578	1925 Abbruch
3	1889 / SLM 579	1917 nach Luxemburg, Abbruch 1954
4	1889 / SLM 580	1917 nach Luxemburg, Abbruch 1954
5	1889 / SLM 581	1917 nach Luxemburg, Abbruch 1954
6	1896 / SLM 960	1923 nach Brasilien, Verbleib unbekannt (Abbruch?)
7	1896 / SLM 961	1923 an FRT (heute FART), Abbruch 1943
8	1896 / SLM 962	1923 an FRT (heute FART), Abbruch 1953
9	1901 / SLM 1369	1926 an SBB Brünig, Abbruch 1941
10	1901 / SLM 1370	1926 an SBB Brünig, Abbruch 1942
11	1903 / SLM 1476	1977 an MEFEZ (BOB), 1999 an club1889
12	1903 / SLM 1477	1923 nach Spanien, Abbruch 1970
13	1903 / SLM 1478	Abbruch 1950
14	1903 / SLM 1479	1972 an AB, 2019 an La Traction SA (Pré – Petitjean)
15	1908 / SLM 1910	1924 an SBB Brünig, Abbruch 1942
16	1908 / SLM 1911	1924 an SBB Brünig, Abbruch 1942

Nur die ersten acht Lokomotiven erhielten einen Namen:

1 Rhätia
2 Prättigau
3 Davos
4 Flüela
5 Engadin
6 Landquart
7 Chur
8 Thusis

G 4/5 107 – 108

Um dem damals steigenden Verkehr gerecht zu werden und um die Tenderlokomotiven G 3/4 zu entlasten, schaffte die RhB in sieben Tranchen zwischen 1904 und 1915 insgesamt 29 Dampflokomotiven mit Schlepptender an, welche die SLM erbaute. Bei den G 4/5-Lokomotiven handelt es sich um vierfach gekuppelte Schlepptenderlokomotiven. Innerhalb dieser »Serien« gab es diverse Unterschiede zwischen den Lokomotiven. So kamen zum Beispiel die ersten vier Lokomotiven als Nassdampfverbundlokomotiven in Betrieb. Die Loks 105 – 114 wurden als Heißdampf-Zwillingsmaschinen in den Dienst gestellt und galten damals mit einer Leistung von 800 PS als stärkste Schmalspurdampflokomotiven weltweit! Die zweiachsigen Tender fassten bei den ersten vier Lokomotiven zwei Tonnen Kohle und 5'000 Liter Wasser, ab der fünften Lok dann jeweils 2,5 Tonnen Kohle und 9'800 Liter Wasser. Die Lokomotiven 123 – 129 hatten einen nochmals leicht vergrößerten Tender (10'000 Liter Wasser). Leider war auch diesen formschönen Lokomotiven auf der RhB kein allzu langes Leben vergönnt, weil zwischen 1913 und 1922 das gesamte Stammnetz der RhB elektrifiziert wurde. Die meisten G 4/5 wurden ins Ausland verkauft (Brasilien, Spanien, Thailand), nur die beiden Loks 107 und 108 sind bis heute betriebsfähig bei der RhB erhalten geblieben.

Erbauer:	**SLM**
Inbetriebsetzung:	**1906**
v max:	**45 km/h (30 km/h rückwärts)**
Dienstgewicht:	**67,6 t**
Leistung:	**800 PS**
Länge über Puffer:	**13'970 mm**
angetriebene Achsen:	**4**
Anstrich:	**schwarz-grün**
Anzahl total:	**29**
noch vorhanden:	**4 (2 als Denkmal)**

101	1904 / SLM 1582	1924 nach Brasilien, Abbruch 1963
102	1904 / SLM 1583	1949 nach Spanien, Abbruch 1970
103	1904 / SLM 1584	1924 nach Brasilien, Abbruch 1963
104	1904 / SLM 1585	1950 nach Spanien, Abbruch 1971
105	1906 / SLM 1707	1951 nach Spanien, Abbruch 1971
106	1906 / SLM 1708	1952 nach Spanien, Abbruch 1971
107	1906 / SLM 1709	als historische Lok auf der RhB vorhanden, Name »Albula«
108	1906 / SLM 1710	als historische Lok auf der RhB vorhanden, Name »Engiadina«
109	1907 / SLM 1813	1920 nach Spanien, Abbruch 1971
110	1907 / SLM 1814	1920 nach Spanien, Abbruch 1971
111	1907 / SLM 1815	1949 nach Spanien, Abbruch 1971
112	1907 / SLM 1816	1927 nach Thailand, Abbruch 1956
113	1907 / SLM 1817	1927 nach Thailand, Abbruch 1954
114	1907 / SLM 1818	1927 nach Thailand, Abbruch 1950
115	1909 / SLM 1987	1927 nach Thailand, Abbruch 1950
116	1909 / SLM 1988	1927 nach Thailand, Abbruch 1953
117	1909 / SLM 1989	1927 nach Thailand, Abbruch 1950
118	1912 / SLM 2208	1926 nach Thailand, seit 1965 Denkmal beim Bahnhof Chiang Mai
119	1912 / SLM 2209	1926 nach Thailand, Abbruch 1954
120	1913 / SLM 2329	1926 nach Thailand, Abbruch 1954
121	1913 / SLM 2330	1926 nach Thailand, Abbruch 1959
122	1913 / SLM 2331	1926 nach Thailand, Abbruch 1965
123	1915 / SLM 2332	1926 nach Thailand, 1966 ausrangiert, Werkstätte Makkasan
124	1915 / SLM 2510	1926 nach Thailand, Abbruch 1964
125	1915 / SLM 2511	1926 nach Thailand, Abbruch 1953
126	1915 / SLM 2512	1926 nach Thailand, Abbruch 1956
127	1915 / SLM 2513	1926 nach Thailand, Abbruch 1961
128	1915 / SLM 2514	1926 nach Thailand, Abbruch 1958
129	1915 / SLM 2515	1926 nach Thailand, Abbruch 1950

Die üblicherweise in Landquart (107) und Samedan (108) stationierten Maschinen erhielten im Jahr 2006 die Namen »Albula« und »Engiadina« und sind mehrmals pro Jahr mit Sonderzügen oder für spezielle Anlässe unterwegs. Die G 4/5 sind die einzigen schmalspurigen Dampfloks mit Schlepptender, welche je für eine Schweizer Bahn gebaut wurden. Eine solche Lok kostete damals rund 77'500.-- Franken! Bis zur Anschaffung der neuen ABe 4/16 3111 – 3166 waren die 29 Dampflokomotiven die größte beschaffte Triebfahrzeugserie bei der RhB.

Ge 2/4 222

Für die von Beginn an elektrifizierte Linie im Engadin beschaffte die RhB 1913 sieben (durch die SLM und BBC erbaute) elektrische Streckenlokomotiven, welche die Bezeichnung Ge 2/4 201 – 207 erhielten. Die Lokomotiven haben zwei durch einen Stangenantrieb verbundene Antriebsachsen sowie an beiden Fahrzeugenden je eine Laufachse. Ursprünglich waren die sieben Lokomotiven grün gestrichen, wurden später aber auf das damals typische Braun der Elektrolokomotiven umlackiert. Bereits anfangs der Vierzigerjahre gab es Überlegungen, fünf dieser Lokomotiven für den Rangierdienst umzubauen, da man mit den damals frisch gelieferten Ge 4/4'-Lokomotiven über schnellere und leistungsfähigere Maschinen verfügte. Bei dieser Gelegenheit wurden die heiklen Schrägstangenantriebe durch zweistufige Zahnradgetriebe ersetzt. In den Jahren 1943 bis 1946 wurden dann fünf Lokomotiven umgebaut. Aus den Maschinen 203 und 204 wurden die Ge 2/4 221 und 222, welche aber einen nur leicht abgeänderten Fahrzeugkasten erhielten. Aus den Loks 201, 202 und 206 wurden die typischen Rangierlokomotiven Gem 2/4 211 und Ge 2/4 212 – 213. Nur die Ge 2/4

Erbauer:	**SLM, BBC**
Inbetriebsetzung:	**1913**
v max:	**55 km/h**
Dienstgewicht:	**30 t**
Leistung:	**455 kW**
Länge über Puffer:	**8'700 mm**
angetriebene Achsen:	**2**
Anstrich:	**braun, früher grün**
Anzahl total:	**7**
noch vorhanden:	**4 (2 als Denkmalfahrzeuge)**

205 und 207 blieben noch bis 1974 in ihrem (beinahe) originalen Zustand im Einsatz, allerdings gehörten sie damals eigentlich schon zur Betriebsreserve, da man aufgrund des hohen Alters die Lokomotiven eher schonend einsetzte. Die 205 wurde als fahrtüchtiges Denkmal (auf Rollen!) im Technikum in Winterthur aufgestellt. Im Jahr 2007 hatte dieses Gastspiel dann ein Ende: die Lok wurde abtransportiert und stand danach mehrere Jahre in Arth-Goldau im Freien. Im Mai 2015 konnte die Lok dann zurück ins Bündnerland überführt werden; sie ist geschützt in Filisur eingestellt. Es ist geplant, die 205 zu einem späteren Zeitpunkt im Bahnmuseum Albula in Bergün als elektrische »Pionierlokomotive« den Besuchern zu präsentieren. Die Ge 2/4 207 kam 1982 ins Verkehrshaus der Schweiz in Luzern, wo dank teilweise aufgeschnittenem Fahrzeugkasten das »Innenleben« der Lokomotive bewundert werden kann. Die Gem 2/4 211 (bis 1946 Gea 2/4 211, ex Ge 2/4 202) stand, meistens in Landquart, im Rangierdienst im Einsatz, ehe 2001 ein Getriebeschaden das Leben der 211 beendete. Danach wurde sie abgebrochen. Auch die Ge 2/4 212 (ex 206) und 213 (201) dienten nach dem Umbau noch als Rangierlokomotiven. Während die 213 im Jahr 1992 nach einem Rangierunfall abgebrochen werden musste, stand die 212 doch bis 2006 im Einsatz. Nur ein Jahr später fand sie im Jahr 2007 dann in Granges-Paccot (FR) als Denkmal im Freien bei der Modelleisenbahnanlage »Käserberg« eine neue Bleibe und ist in einem dunkelbraunen Farbton gestrichen. Die in Ge 2/4 221 (ex 203) und 222 (ex 204) dienten danach weiter als Streckenlokomotiven, wurden dann aber im Laufe der Zeit der Reserve zugeteilt. 1998 schlug dann für die Ge 2/4 221 die letzte Stunde und die Lok ging in den Abbruch, nachdem noch viel Brauchbares für ihre Schwester 222 entnommen wurde. So konnte z. B. der Motor der Ge 2/4 221 in der Lok 222 weiterverwendet werden. Die Ge 2/4 222 gehört heute zum historischen Fuhrpark der RhB und ist zu besonderen Anlässen oder gelegentlichen Extrafahrten ein immer wieder gern gesehener Gast. Normalerweise ist sie in Samedan stationiert.

Lok	Fabrik-Nr.	Umbau	neue Bezeichnung	Verbleib
201	2256	1943	Ge 2/4 213	Abbruch 1992
202	2257	1943/67	Gea / Gem 2/4 211	Abbruch 2001
203	2306	1946	Ge 2/4 221	Abbruch 1998
204	2307	1946	Ge 2/4 222	historische Lokomotive
205	2308	---		seit 2015 in Filisur remisiert
206	2309	1946	Ge 2/4 212	seit 2007 Denkmal Granges-P.
207	2310		---	seit 1982 Denkmal VHS Luzern

Ge 4/6 353

Rechtzeitig zur Aufnahme des elektrischen Betriebs der Linie Bever – Scoul lieferten die SLM und die MFO zwischen 1912 und 1914 fünf elektrische Lokomotiven mit vier durch eine Stange verbundene Antriebsachsen sowie je einer Laufachse unter den Führerständen. Die Ge 4/6 351 – 355 waren bei ihrer Ablieferung grün gestrichen, erhielten dann aber bereits 1921/22 ein braunes Farbkleid. Sie waren damals als zeitgemäße Zweckbauten zu bezeichnen, fielen aber durch eine relativ einfache und robuste Bauweise auf. Die ersten beiden Lokomotiven unterschieden sich in ein paar wenigen Details von den anderen drei Maschinen. Wegen des Ersten Weltkriegs waren damals diese Maschinen nicht sonder-

Totmannschaltung eingebaut. Danach erlebten die Ge 4/6-Lokomotiven bis zu ihrer Ausrangierung keine nennenswerten Änderungen mehr. Als erste schieden 1974 die 351 und 352 aus dem Dienst. Die 354 und 355 hielten sich noch bis 1982 respektive 1984. Mit der Lok 353 ist ein Vertreter dieser formschönen Lokomotiven betriebsfähig erhalten und wird gerne für Extrazüge, Anlässe oder Jubiläen eingesetzt. Normalerweise ist sie in Samedan stationiert. Zu den letzten Einsatzgebieten vor der Ausrangierung der Lokomotiven gehörte u.a. auch noch das Führen der Schlittelzüge zwischen Bergün und Preda. Interessant waren auch die drei Einzelgänger-Lokomotiven 301, 302 und 391. Sie wurden damals teilweise von verschiedenen Herstellern gebaut.

Erbauer:	**SLM, MFO**
Inbetriebsetzung:	**1913**
v max:	**55 km/h**
Dienstgewicht:	**59 t**
Leistung:	**588 kW**
Länge über Puffer:	**11'100 mm**
angetriebene Achsen:	**4**
Anstrich:	**braun, früher grün**
Anzahl total:	**5**
noch vorhanden:	**1**

lich viel im Einsatz, ihre Blütezeit erlebten sie aber ab 1923 nach der vollendeten Elektrifikation der Albula-Linie von Chur nach St. Moritz. Bis zur Ablieferung der Ge 4/4' bildeten sie das Rückgrat des Verkehrs am Albula, wurden dann aber vermehrt zwischen Chur und Disentis / Mustér eingesetzt. 1955 erhielten alle fünf Loks die Integra-Zugsicherung sowie die

Ge 6/6' 414 – 415

Als 1919 der Ausbau des gesamten RhB-Stammnetzes auf elektrischen Betrieb begann, benötigte die RhB eine größere Anzahl an leistungsfähigen, elektrischen Lokomotiven. Mit den Ge 2/4 und Ge 4/6-Lokomotiven standen bis zu diesem Zeitpunkt lediglich 15 elektrische Lokomotiven zur Verfügung. Deshalb wurden ab 1921 durch die SLM vorerst sechs elektrische Lokomotiven mit Stangenantrieb geliefert, welche über zwei dreiachsige Drehgestelle verfügten. Weil aber schon sehr bald die Anzahl der Lokomotiven nicht mehr ausreichte, wurden bereits 1922 nochmals vier Lokomotiven geliefert. Es dauerte weitere drei Jahre, ehe abermals zwei Lokomotiven in Betrieb kamen. Mit dem Erlös der nach Thailand verkauften G 4/5-Dampflokomotiven beschaffte die RhB schlussendlich nochmals drei solcher Maschinen (1929). Somit war dann die Serie von 15 »RhB-Krokodilen« Ge 6/6' 401 – 415 komplett. Charakteristisch an dem Fahrzeug ist der in der Mitte angelegte Lokomotivkasten

mit den Führerständen sowie die beiden drei achsigen Drehgestellen mit ihren Vorbauten, in denen sich u.a. die Fahrmotoren befinden. Markant ist auch das Dach, welches über die Fenster des Führerstands gezogen wurde. Auf der »Apparateseite« weist der Lokomotivkasten ein großes in sechs Sektionen unterteiltes Lüftungsgitter auf, auf der anderen Fahrzeugseite gibt es ein Fenster sowie zwei Jalousien. Während vieler Jahre bildeten die formschönen Lokomotiven das Rückgrat des Güter- und auch Personenverkehrs auf der Albula- sowie auch auf der Davoser-Linie. Obwohl 1947 mit den ersten Ge 4/4'-Lokomotiven eine ganz neue Generation von Fahrzeugen auf der RhB Einzug hielt, standen die »Krokodile« bis Mitte der Sechzigerjahre auch im Personenverkehr im Einsatz. Zur letzten Domäne ihres Einsatzes gehörten bis 1984 das Führen von Personenzügen zwischen Samedan und Pontresina, wo Anschluss an die Bernina-Linie besteht. Mit der Anschaffung von weiteren modernen Lokomotiven wurden die Krokodile langsam aber sicher überflüssig und in die Reserve gedrängt. Im Jahr 1975 schied die erste Lok (401) nach einem Unfall aus. 1984 gingen gleich sechs Loks ins Alteisen: 403 – 405 sowie 408 – 410. Die Lok 413 wurde 1993 nach einem Getriebeschaden ausrangiert und nach Entnahme diverser Teile abgebrochen. Lok 411 wurde nach einem leichten Unfall ebenfalls ausrangiert und fand im Technischen Museum in München eine neue Bleibe. Die 412 sorgte kurz vor ihrer Ausrangierung noch für heftige Diskussionen, als sie auf Wunsch eines Modellbahnherstellers blau gestrichen wurde. Die Lok war einige Zeit für Extrafahrten im Einsatz, wurde dann aber im Jahr 2008 nach einem Motorenschaden abgebrochen. Somit sind bei der RhB noch die beiden letzten Krokodile verblieben: die Loks 414 (SLM 3297) und 415 (SLM 3298), letztere eine Zeit lang in einem bläulichen »Glitzeranstrich«. Beide Loks sind gerne für Extrafahrten, Jubiläen oder andere Anlässe unterwegs. Sie sind normalerweise in Landquart stationiert. Die RhB-Krokodile (der Name lässt sich von der SLM ebenfalls zur gleichen Zeit erbauten Krokodilen für die SBB ableiten) gehören zu den beliebtesten Schmalspurlokomotiven überhaupt. Wenn die Loks eingesetzt werden, zieht es Heerscharen von Eisenbahnfreunden in die Gegend. Viele besitzen auch Modelle dieser Lokomotiven. Und immerhin blieben von ursprünglich 15 Lokomotiven sechs der Nachwelt erhalten.

Erbauer:	**SLM, BBC, MFO**
Inbetriebsetzung:	**1929**
v max:	**55 km/h**
Dienstgewicht:	**65,7 t**
Leistung:	**882 kW**
Länge über Puffer:	**13'300 mm**
angetriebene Achsen:	**6**
Anstrich:	**braun**
Anzahl total:	**15**
noch vorhanden:	**6**

Ge 4/4' 602, 603, 605 und 610

Um den stets steigenden Verkehr bewältigen zu können, beschaffte die RhB bei der SLM, MFO und der BBC vier elektrische, leistungsfähige Lokomotiven und setzte sie ab 1947 als Ge 4/4' 601 – 604 in Betrieb. Sie waren die ersten elektrischen Lokomotiven auf der RhB ohne Laufachsen. Dank den guten Erfahrungen kamen ab 1953 sechs weitere Maschinen hinzu. Vom Aufbau und der Konstruktion her erinnern sie an die für die BLS gebauten Ae 4/4-Lokomotiven sowie die Re 4/4' der SBB, welche etwa im selben Zeitraum in Betrieb kamen. Die ursprünglich grün gestrichenen Lokomotiven trugen alle Namen mit Bezug zum Kanton Graubünden:

601	**Albula**
602	**Bernina**
603	**Badus**
604	**Calanda**
605	**Silvretta**
606	**Kesch**
607	**Surselva**
608	**Madrisa**
609	**Linard**
610	**Viamala**

Bereits 1962 wurden die Lokomotiven leicht modernisiert: die Maschinenraumfenster und Jalousien wurden durch Mehrfachdüsengitter ersetzt. Ein weiteres Merkmal war die Entfernung der Stirnübergangsbleche und -gitter sowie die komplette Verschweißung der Stirntüren. Ab 1986 wurde dann die ganze Serie einem Modernisierungsprogramm unterzogen und die Loks erhielten u.a. neue Fronten, Einholmstromabnehmer und einen roten Anstrich. Den Maschinen 605 – 610 wurde zusätz-

lich noch eine Vielfachsteuerung eingebaut für den Pendelzugbetrieb, die 601 – 604 waren seit Inbetriebnahme damit ausgerüstet. Mit der Anschaffung neuer Fahrzeuge konnte langsam aber sicher auf die Dienste der in die Jahre gekommenen Ge 4/4' verzichtet werden und mit der Lok 601 verschwand 2010, also nach über 60 Jahren Dienstzeit (!), das erste Fahrzeug. Die Lok trug noch eine Anschrift, welche auf 5 Mio. geleistete Kilometer hinwies. 2011 gingen die 604, 606, 607 und 608 ins Alteisen. Bis heute sind die vier Lokomotiven 602, 603, 605 und 610 erhalten geblieben und kommen außer den beiden abgestellten 602 und 610 noch immer bei Bedarf, dank vorhandener Vielfachsteuerung auch in Doppeltraktion, zum Einsatz. Gut möglich, dass eine dieser Lokomotiven als historisches Fahrzeug erhalten bleibt und evtl. gar in den Ursprungszustand zurückversetzt wird. Lok 602 war von 2015 – 2016 im Verkehrshaus in Luzern ausgestellt, wurde dann aber wegen Engpässen im Triebfahrzeugpark der RhB wieder in Betrieb genommen.

Erbauer:	**SLM, BBC, MFO**
Inbetriebsetzung:	**1947, 1953**
v max:	**80 km/h**
Dienstgewicht:	**47 t**
Leistung:	**1'184 kW**
Länge über Puffer:	**12'100 mm**
angetriebene Achsen:	**4**
Anstrich:	**rot, früher grün**
Anzahl total:	**10**
noch vorhanden:	**4**

Ge 4/4'' 611 – 627, 629 – 633

Eine neue Serie von Lokomotiven wurde nötig, um die doch in die Jahre gekommenen Stangenlokomotiven Ge 2/4, Ge 4/6 und Ge 6/6' ablösen oder der Reserve zuteilen zu können. Zuerst sollten zwar noch weitere, sechsachsige Lokomotiven angeschafft werden.

Da aber auf den kurvenreichen Strecken sechsachsige Lokomotiven nicht immer unproblematisch sind und mit den Fortschritten im Lokomotivbau mit einer vierachsigen Lokomotive praktisch die gleiche Traktionsleistung erreicht werden konnte, beschloss die RhB,

zehn Maschinen anzuschaffen. Gerne wurden sie und werden auch noch heute als »kleine Brüder« der SBB-Re 4/4″ bezeichnet. Die SLM und die BBC lieferten ab 1973 eine erste Serie von zehn leistungsfähigen, vierachsigen elektrischen Lokomotiven an die RhB, welche als Ge 4/4″ 611 – 620 in den Dienst genommen wurden. Diesen Thyristorlokomotiven folgten ab 1984 nochmals 13 Maschinen mit den Betriebsnummern 621 – 633. Im mechanischen Teil sind die Lokomotiven auch mit ihren »größeren Brüdern« bei der SBB verwandt. Während die ersten zehn Lokomotiven noch in grünem Anstrich abgeliefert wurden, waren ab der Lok 621 alle bei ihrer Auslieferung bereits in Rot gestrichen. Die zuverlässigen und relativ einfach, aber robust gebauten Maschinen tragen seit 1975 alle Namen und Wappen von Ortschaften, welche über eine RhB-Station verfügen:

611 **Landquart**
612 **Thusis**
613 **Domat / Ems**
614 **Schiers**
615 **Klosters**
616 **Filisur**
617 **Ilanz**
618 **Bergün / Bravuogn**
619 **Samedan**
620 **Zernez**
621 **Felsberg**
622 **Arosa**
623 **Bonaduz**
624 **Celerina / Schlarigna**
625 **Küblis**
626 **Malans**
627 **Reichenau-Tamins**
628 **S-chanf**
629 **Tiefencastel**
630 **Trun**
631 **Untervaz**
632 **Zizers**
633 **Zouz**

Bei den ersten zehn noch in Grün gespritzen Lokomotiven waren die Nummern, Wappen und der dazugehörende Name des Ortes noch aus Chromstahl gefertigt worden. Bis zur Ablieferung der Ge 4/4‴-Lokomotiven bildeten die Ge 4/4″ zusammen mit den sieben Ge 6/6″-Lokomotiven im Personenverkehr das Rückgrat auf dem Stammnetz der RhB. Seit 1997, als die Chur-Arosa-Linie von Gleichstrom auf Wechselstrom umgerüstet wurde, kamen diese formschönen Lokomotiven bis zur Inbetriebnahme der neuen Allegra-Züge auch nach Arosa zum Einsatz. Ab 2004 durchlief die ganze Serie ein Refit-Programm. Markantestes Merkmal dürften sicher die Scheinwerfer sein, welche die runden Lampen ersetzten. Seit 2016 durchlaufen die Lokomotiven ein weiteres Modernisierungsprogramm: den Maschinen mit den Nummern 621 – 633 wird dabei ein neues Dual-Bremssystem eingebaut, welches nötig ist, um mit den neuen Gliederzügen verkehren zu können. Unterdessen haben aber auch schon einige Lokomotiven der ersten Serie (611 – 620) ein Dual-Bremssystem erhalten. Einige der Lokomotiven waren in teils schwerere Unfälle verwickelt. Während die 632 nach einer Kollision mit Geröll infolge eines Felssturzes wieder aufgearbeitet und mit neuem Kasten versehen wurde, kollidierte Lok 628 im Jahr 2019 mit einem großen Stein und wurde derart stark beschädigt, dass eine Reparatur nicht mehr in Frage kam. Sie musste demzufolge als erste ihrer Serie ausrangiert werden und verfiel noch im selben Jahr dem Abbruch. Die restlichen 22 Lokomotiven sind nach wie vor im Einsatz und hauptsächlich im Personenverkehr auf dem Stammnetz anzutreffen. Viele der Lokomotiven sind als fahrende Werbeträger mit teils gelungenen Motiven unterwegs. Ebenso warben einige der Loks für diverse Jubiläumsanlässe der RhB. Alle Lokomotiven besitzen auf der Front das Kantonswappen von Graubünden. Sie tragen die SLM-Fabriknummern 4884 – 4893 (611 – 620) sowie 5262 – 5275 (621 – 633).

616
www.siemens.
SIE

Erbauer:	SLM, BBC
Inbetriebsetzung:	1973, 1984
v max:	90 km/h
Dienstgewicht:	50 t
Leistung:	1'700 kW
Länge über Puffer:	12'960 mm
angetriebene Achsen:	4
Anstrich:	rot (611 – 620 früher grün)
Anzahl total:	23
noch vorhanden:	22

Ge 4/4''' 641 – 653

Mit der Inbetriebnahme des Vereinatunnels und den dazugehörenden Autozügen benötigte die RhB neue, leistungsstarke Lokomotiven. Ab 1993 gingen die ersten neun vierachsigen Lokomotiven (SLM, ABB) in Betrieb, 1999 kamen drei weitere Maschinen

(Adtranz) hinzu. Die Ge 4/4''' 641 – 652 sind mit Vielfachsteuerung ausgerüstet und kommen sowohl im Personen- als auch im Güterverkehr zum Einsatz. Ebenso wird das Führen der Autozüge durch den Vereinatunnel ausschließlich mit diesen Lokomotiven abgewickelt. Die vier

Fahrmotoren bringen stattliche 2'400 kW (!) auf die Schiene. Die Ge 4/4‴ tragen alle Namen und Wappen:

641 **Maienfeld**
642 **Breil / Brigels**
643 **Vals**
644 **Savognin**
645 **Tujetsch**
646 **Sta. Maria Val Müstair**
647 **Grüsch**
648 **Susch**
649 **Lavin**
650 **Seewis im Prättigau**
651 **Fideris**
652 **Vaz/Obervaz Lenzerheide – Valbella**

Im Laufe der Zeit waren und sind auch heute noch diverse Ge 4/4‴-Lokomotiven mit öfters wechselnden, farbenfrohen Werbeanstrichen unterwegs, meistens mit Bezug zum Kanton Graubünden oder der RhB. Seit 2016 durchlaufen die Lokomotiven ein Modernisierungsprogramm, bei dem u.a. auch eine umfassende mechanische Revision unterzogen wird. Ebenfalls erhalten die Lokomotiven ein neues Bremssystem und neue LED-Frontlampen. Bei der derzeit noch »geplanten« Lokomotive Ge 4/4‴ 653 handelt es sich um die ehemalige, 2019 von der MOB übernommene Ge 4/4 8003, welche noch in Landquart abgestellt ist und bei genügend freien Kapazitäten durch einen Umbau auf die Verhältnisse der RhB

angepasst wird. Nach dem Umbau wird eine anschließende Modernisierung der Leistungselektronik erfolgen, so dass die Maschinen noch weitere 20 bis 30 Jahre eingesetzt werden könnten. Bei den Ge 4/4''' redet man auch von einer Universal-Drehstromlokomotive. Bei den westschweizerischen Privatbahnen MOB (Ge 4/4 8001 – 8002 und 8004) und MBC (Ge 4/4 21 – 22) stehen relativ ähnliche, zugkräftige Lokomotiven im Einsatz.

Erbauer:	**SLM, ABB, Adtranz**
Inbetriebsetzung:	**1993 – 1999**
v max:	**100 km/h**
Dienstgewicht:	**62 t**
Leistung:	**2'400 kW**
Länge über Puffer:	**16'000 mm**
angetriebene Achsen:	**4**
Anstrich:	**rot, diverse Werbeanstriche**
Anzahl total:	**13**
noch vorhanden:	**13**

RhB
Rhätische Bahn
Ferrovia retica Viafier retica
Savognin

Ge 6/6" 702, 705 – 707

In den Fünfzigerjahren nahm der Verkehr auf den RhB-Linien ständig zu. Aus diesem Grund war die RhB auf der Suche neuen und leistungsstarken Lokomotiven. 1958 lieferten die SLM, BBC und MFO zwei sechsachsige Lokomotiven des Typs Ge 6/6" mit den Nummern 701 und 702. Vom Grundaufbau her war sie was die Drehgestelle, Motoren und den Kastenaufbau betrifft, sehr ähnlich wie die Ge 4/4'-Lokomotiven. Die beiden Maschinen leisteten ihren Dienst zur vollen Zufriedenheit und somit kamen 1965 fünf weitere Lokomotiven hinzu, welche die fortlaufenden Nummern 703 – 707 erhielten. Ein markantes Merkmal der Lokomotiven ist sicher das »Gelenk« in der Mitte. Allerdings lässt sich das Gelenk nur vertikal bewegen, weshalb nicht unbedingt von einer Gelenklokomotive gesprochen wird. Der Zweck dieses Gelenks war eine gleichmäßige Belastung aller Achsen in Gefallsbrüchen und gleichzeitig eine gute Führung im Gleis bei höheren Geschwindigkeiten. Die Lok besitzt drei zweiachsige Drehgestelle. Bei den ersten beiden Lokomotiven wurden nachträglich die Übergangstüren an den Stirnseiten verschweißt, gut 20 Jahre später erhielten sie die gleichen Stirnpartien wie die später gelieferten Loks 703 – 707. Alle sieben Lokomotiven trugen Namen und Wappen:

701	**Raetia**
702	**Curia**
703	**St. Moritz**
704	**Davos**
705	**Pontresina / Puntraschigna**
706	**Disentis / Mustér**
707	**Scuol (bis 1971 Schuls / Scuol)**

Nach Abschluss der Kraftwerksbauten (Zementtransporte) übernahmen die sieben zugkräftigen Lokomotiven die Hauptlast im Schnellzugverkehr auf der Albula-Linie zwischen Chur und St. Moritz. Nach der Ablieferung der Ge 4/4''' wurden die Ge 6/6'' mehr oder weniger aus diesen Diensten genommen und kamen bis vor kurzem hauptsächlich im schweren Güterzugdienst zum Einsatz, es kam aber immer wieder zu Einsätzen vor Personenzügen dieser formschönen Maschinen. Bei der Ablieferung waren alle sieben Loks im klassischen »Tannengrün« lackiert, heute tragen sie das bei der RhB übliche rote Farbkleid. Seit 1998 ist die ganze Serie mit Einholmstromabnehmern ausgerüstet. Anlässlich von Revisionen erhielten die Lokomotiven 701, 703, 705 und 707 eine »Auffrischung« und rechteckige Scheinwerfer. Lok 702 war einige Zeit abgestellt, wurde aber später wieder in Betrieb genommen. Mit der Inbetriebnahme neuer Fahrzeuge konnte mehr und mehr auf die Lokomotiven verzichtet werden. Im Jahr 2021 wurde mit der Ge 6/6" 701 die erste Lok der Serie verschrottet, im Jahr 2022 folgten ihr die 703 und 704 ins Alteisen. Im selben Jahr wurden die restlichen vier Lokomotiven aus dem Dienst genommen und abgestellt. Die 707 soll als historische Lokomotive der Nachwelt erhalten bleiben, über den Erhalt einer zweiten Ge 6/6" ist derzeit noch keine definitive Entscheidung gefallen.

Erbauer:	**SLM, BBC, MFO**
Inbetriebsetzung:	**1958, 1965**
v max:	**80 km/h**
Dienstgewicht:	**65 t**
Leistung:	**1'776 kW**
Länge über Puffer:	**14'500 mm**
angetriebene Achsen:	**6**
Anstrich:	**rot, früher grün**
Anzahl total:	**7**
noch vorhanden:	**4**

Gem 4/4 801 – 802

Im Jahr 1963 orderte die RhB bei den Firmen SLM, MFO, SAAS und BBC zwei vierachsige Zweikraftlokomotiven, welche sowohl unter Fahrdraht wie auch mit einem Dieselmotor (Cummins) verkehren können. Der elektrische Teil entspricht weitgehend den Triebwagen ABe 4/4'' der Bernina-Linie. Die beiden als Gem 4/4 801 und 802 bezeichneten Lokomotiven können in Vielfachsteuerung mit den Triebwagenserien ABe 4/4'' 41 – 49 und ABe 4/4''' 51 – 56 verkehren. Da die Lokomotiven das Lichtraumprofil komplett ausfüllen, wirken sie etwas bullig. Ebenfalls kamen sie auch als Schubfahrzeuge für die unterdessen verschwundenen

Schneeschleudern 9218 und 9219 zum Einsatz. Die beiden universell einsetzbaren Lokomotiven tragen neben den Bündnerwappen auch noch je eine Art »Emblem« mit einem Steinbock (Lok 801) sowie einem Murmeltier (Lok 802). In den Jahren 2002 und 2003 wurden beide Lokomotiven gründlich modernisiert, erhielten neue, leistungsfähigere Dieselmotoren sowie modernere Führerstände mit rechteckigen Scheinwerfern. Bis zur Ablieferung der neuen »Allegra«-Züge waren die beiden Lokomotiven neben Dienst- und Bauzügen auch vor Personenzügen im Einsatz, oft in Doppeltrak tion mit einem Triebwagen. Auch heute noch werden die über 50 Jahre alten Lokomotiven, welche auf dem ganzen RhB-Netz zugelassen sind, meistens für Dienst- und Bauzüge oder zur Schneeräumung mit den modernen Schneefräsen eingesetzt. Obwohl sie bereits 1963 bestellt wurden, kamen sie erst ab 1968 zum Einsatz, läuteten aber dann doch im Laufe der Zeit auch das Ende der beiden Ge 4/4 81 und 182 ein. Auf der Matterhorn-Gotthard-Bahn (MGB, ehemals FO) kommen zwei sehr ähnliche Lokomotiven zum Einsatz. Die HGm 4/4 61 – 62 verfügen aber im Gegensatz zu den RhB Gem 4/4 801 – 802 über einen Zahnradantrieb und sind reine »Diesellokomotiven«.

Erbauer:	**SLM, SAAS, BBC, MFO**
Inbetriebsetzung:	**1968**
v max:	**65 km/h**
Dienstgewicht:	**50,4 t**
Leistung:	**700 kW (elektrisch) / 780 kW (thermisch)**
Länge über Puffer:	**13'540 mm**
angetriebene Achsen:	**4**
Anstrich:	**rot**
Anzahl total:	**2**
noch vorhanden:	**2**

Gmf 4/4 234 01 – 04

Bei diesen vier im Jahr 2009 bestellten Lokomotiven handelt es sich um ein Gemeinschaftsprodukt der Firmen Schalker Eisenhütte, FTD Dessau, MTU Friedrichshagen und Prose (Winterthur). Sie kamen allerdings erst 2015 in Betrieb. Bei der Ablieferung trugen die ersten beiden Lokomotiven noch die Betriebsnummern 287 01 – 02, die anderen beiden Maschinen wurden bereits als Gmf 4/4 232 03 und 04 in Betrieb gesetzt. Kurz darauf wurden auch die 287 01 und 02 passend zu 234 01 und 02 umnummeriert. Die Anforderungen an die Lokomotiven waren hoch, da sie auf dem ganzen RhB-Netz einsatzfähig sein mussten. Die Maschinen haben einen klimatisierten Führerstand und können in Vielfachtraktion verkehren. Sie tragen auch Namen:

01	**Surselva**
02	**Engadin**
03	**Albula**
04	**Bernina**

Haupteinsatzgebiet dieser zugkräftigen Lokomotiven sind schwere Bauzüge, Schubfahrzeuge für die Schneeräumung oder auch das Bergen havarierter Züge. Ebenfalls stehen sie derzeit für Aushub- und Bauzüge beim Bau des zweiten Albula-Tunnels im Einsatz. Es ist aber auch gut möglich, dass alle vier Lokomotiven einige Zeit ungenutzt in Landquart abgestellt sind. Einsätze vor planmäßigen Personenzügen sind zwar nicht vorgesehen, wären aber technisch möglich. Intern werden sie auch als Gmf 4/4'' bezeichnet.

Erbauer:	**Schalke, FTD, MTU, Prose**
Inbetriebsetzung:	**2014 – 2015**
v max:	**100 km/h**
Dienstgewicht:	**64 t**
Leistung:	**1'800 kW**
Länge über Puffer:	**16'690 mm**
angetriebene Achsen:	**4**
Anstrich:	**gelb**
Anzahl total:	**4**
noch vorhanden:	**4**

Ge 2/2 161 – 162

Als Ergänzung des Fahrzeugparks gelangten nach der Aufnahme des durchgehenden Betriebs auf der Berninabahn 1911 diese beiden durch SIG und Alioth erbauten Lokomotiven in Betrieb. Die Form mit dem mittelseitig gelegenen Führerstand war in der damaligen Zeit nicht unüblich. Obwohl der zentrale Führerstand nicht sonderlich groß ist, besitzt er vier Eingänge. Weil nicht immer ein zweiter Triebwagen zur Verfügung stand, wurde den Triebwagen bei Bedarf auch eine dieser beiden Lokomotiven vorgespannt. Dennoch dienten sie auch dem Manöver und dem Güterverkehr. Ihre Bezeichnung von Ge 4/4 61 und 62 behielten sie bis 1961, ehe sie in 161 und 162 umnummeriert wurden. 1928 bekamen sie anstelle des Lyrabügels einen Scherenstromabnehmer, welcher dann wiederum 1971 einem Siemens-Einholmstromabnehmer wich. Um die beiden Lokomotiven auch einmännig im Streckendienst einsetzen zu können, erhielten sie in den Jahren 1959 und 1962 die Totmanneinrichtung. Die ursprünglich braun gestrichenen Lokomotiven erhielten 1988 und 1989 den orangefarbenen Anstrich mit schwarzgelb markierten Schutzbalken. Beide Lokomotiven sind nach wie vor im Rangierdienst in Poschiavo und gelegentlich auch in Campocologno

oder Tirano eingeteilt. Seit 2018 trägt die Ge 4/4 161 wieder ihren braunen Originalanstrich, ist wieder mit einem Scherenstromabnehmer versehen und dürfte als historisches Fahrzeug erhalten bleiben, während die Ge 2/2 162 gelegentlich aus dem Dienst ausscheiden dürfte. Die Ge 2/2 161 gab im Jahr 2018 ein Gastspiel auf der Museumsbahn Blonay – Chamby, welche in diesem Jahr ihr 50jähriges Bestehen feierte. Vom Aussehen her ähnliche Lokomotiven gibt oder gab es auch z. B. auf der GFM (heute TPF), der AB oder der CJ.

Erbauer:	**SIG, Alioth**
Inbetriebsetzung:	**1911**
v max:	**45 km/h**
Dienstgewicht:	**18 t**
Leistung:	**250 kW**
Länge über Puffer:	**7'740 mm**
angetriebene Achsen:	**2**
Anstrich:	**braun, orangefarben**
Anzahl total:	**2**
noch vorhanden:	**2**

Geaf 2/2 206 01 – 07

Stadler Fahrzeuge lieferte an die RhB sieben bimodale elektrische Rangierlokomotiven, welche 2018 bestellt und 2020 in Betrieb gesetzt wurden. Einerseits konnte damit der Fuhrpark vereinheitlicht und andererseits auf ältere Lokomotiven verzichtet werden. Die modernen Fahrzeuge besitzen einen elektrischen sowie einen Batterieantrieb und sind zusätzlich noch mit einer Funkfernsteuerung ausgerüstet. Da nicht alle Rangier-, Anschluss- und Abstellgleise elektrifiziert sind, entschloss sich die RhB zu Anschaffung von Zweikraftlokomotiven. Die als Geaf 2/2 206 01 – 07 bezeichneten Lokomotiven sind allesamt orangefarben gestrichen und auf mittleren und größeren Stationen wie Davos-Platz, Chur, Landquart, Ilanz, Untervaz, Thusis etc. stationiert. Die Lokomotiven sind im Betrieb sehr geräuscharm. Dank durchgezogener Zugsammelschiene und automatischer Druckluft- und Vakuumbremse können die Lokomotiven für Überfuhren in alle Züge der RhB eingereiht werden. Die Lithium-Ionen-Batterie kann über die Fahrleitung oder beim Bremsen mit Rekuperationsenergie aufgeladen werden. Beim Fahrbetrieb mit Batterie verfügt die Lok über eine maximale Leistung von 200 kW und einer Höchstgeschwindigkeit von 40 km/h. Bei der Matterhorn-Gotthard-Bahn (MGBahn) sowie bei der Zentralbahn (zb) stehen ähnliche Lokomotiven, allerdings teilweise mit Dieselmotor und/oder Zahnradantrieb, im Dienst.

Erbauer:	**Stadler Fahrzeuge**
Inbetriebsetzung:	**2020**
v max:	**80 km/h (Batteriebetrieb 40 km/h)**
Dienstgewicht:	**30 t**
Leistung:	**800 kW (Batteriebetrieb 200 kW)**
Länge über Puffer:	**9'610 mm**
angetriebene Achsen:	**2**
Anstrich:	**orangefarben**
Anzahl total:	**7**
noch vorhanden:	**7**

Ge 3/3 214 – 215

Um ältere Fahrzeuge im mittelschweren Rangierdienst entlasten zu können, beschaffte die RhB bei RACO und BBC zwei elektrische, dreiachsige Rangierlokomotiven. Die relativ einfach, aber robust gebauten Fahrzeuge fallen durch ihr kurzes, zentral gelegenes Führerhaus auf. Die beiden Fahrzeuge besitzen dank Zugsicherung und Sicherheitssteuerung auch eine Zulassung für den Streckendienst. Trotzdem bleibt der mittelschwere Rangierdienst in Samedan und Chur das Haupteinsatzgebiet dieser beiden Lokomotiven. Die damalige FO (heute MGBahn) wollte zwei baugleiche Lokomotiven beschaffen, nahm aber ihre Bestellung wieder zurück. Da die Lieferung der beiden Ge 3/3 zeitgleich mit den Ge 4/4"-Lokomotiven erfolgte, besitzen diese beiden Fahrzeugtypen identische Bauteile (z.B. die Motoren, der Kompressor oder auch die Vakuumpumpe). Sie werden auch als Thyristor-Rangierlokomotiven bezeichnet. Seit der Inbetriebnahme der neuen Geaf 2/2 206 01 – 07 sind sie in der Reserve eingeteilt, kommen aber bei Bedarf nach wie vor zum Einsatz. Bis heute sind die beiden Lokomotiven in ihrer Bauart schweizweit Einzelstücke geblieben. Markant ist der am Ende des beidseitig vorgezogenen Daches angebrachte Einholmstromabnehmer. Die langen Vordächer vermindern die direkte Sonneneinstrahlung.

Erbauer:	**RACO, BBC**
Inbetriebsetzung:	**1984**
v max:	**40 km/h (geschleppt 60 km/h)**
Dienstgewicht:	**33 t**
Leistung:	**425 kW**
Länge über Puffer:	**8'640 mm**
angetriebene Achsen:	**3**
Anstrich:	**orangefarben**
Anzahl total:	**2**
noch vorhanden:	**2**

Gm 4/4 241

Der deutsche Hersteller MaK (Kiel) erbaute 1959 diesen Prototyp einer vierachsigen Diesellokomotive. Mit der Fabriknummer 400 029 wurde sie zuerst an eine Zementfirma in Lägersdorf (D) geliefert. Dort stand sie noch mit einer Spurweite von 860 mm im Einsatz, ehe sie auf Meterspur umgebaut wurde, um ab 1967 bei der Kreisbahn Aurich im Einsatz zu stehen. Die Brohltalbahn war ihr letztes Einsatzgebiet (als Lok V 4), wo sie bis 1986 im Einsatz stand. Für den Transport des Abbruchmaterials, welches beim Bau des Vereinatunnels entstand, suchte die RhB eine zugkräftige Diesellokomotive und wurde in diesem Fahrzeug fündig. Somit steht sie seit 1989 als Gm 4/4 241 mit orangefarbenem Anstrich auf dem Netz der RhB im Einsatz. Eher selten war sie danach im Rangierdienst in Landquart zu sehen, meistens ist sie in dem Rangierdienst in Untervaz (Dreischienengleisanschluss Holcim) zugeteilt. Die Lok war aber auch immer wieder mal störungsbedingt abgestellt. 1999 wurde die Gm 4/4 241 etwas modernisiert und erhielt u.a. in der Hauptwerkstatt Landquart neue Cummins-Dieselmotoren. Noch heute steht die über 60 Jahre alte Diesellokomotive in Untervaz im Einsatz, die RhB beabsichtig aber, die Lokomotive gelegentlich zu verkaufen, da mit den kürzlich angeschafften Geaf 2/2 sieben moderne und leistungsfähige Lokomotiven für den Rangierdienst vorhanden sind. Der Tankinhalt des Fahrzeuges fasst 2'000 Liter Diesel. Sie besitzt eine Zulassung für das gesamte RhB-Netz. Die deutsche Typenbezeichnung der Lok ist MaK 400 BB.

Erbauer:	**MaK**
Inbetriebsetzung:	**1959**
v max:	**50 km/h (60 km/h geschleppt)**
Dienstgewicht:	**39 t**
Leistung:	**272 kW**
Länge über Puffer:	**9'650 mm**
angetriebene Achsen:	**4**
Anstrich:	**orangefarben**
Anzahl total:	**1**
noch vorhanden:	**1**

Gmf 4/4 242 - 243

Gleichzeitig mit der Beschaffung der Lokomotive 241 bestellten die RhB bei der Firma Gmeinder zwei leistungsfähige Baudienstlokomotiven des Typs Gmf 4/4. Die Anforderungen an die beiden Lokomotiven waren damals hoch. So wurde z.B. verlangt, dass problemlos Anhängelasten von bis zu 300 Tonnen verschoben werden können. Die beiden robusten Loks besitzen Drehgestelle, was das Befahren von engen Kurven, wie es sie auf dem Netz der RhB zahlreich gibt, erlaubt. Der Lokomotivkasten unterteilt sich in den langen Vorbau, den Führerstand und den hinteren, kurzen Vorbau. Im längeren Vorbau sind u.a. der Caterpillar-Dieselmotor, das Turbowendegetriebe (Voith) und der Wasserkühler untergebracht. Sie besitzen mit einer hydrodynamischen Bremse, einer direkten Druckluftbremse, welche sich allerdings nur auf die Räder auswirkt, sowie einer normalen Vakuumbremse insgesamt drei verschiedene Bremssysteme. In Bezug auf die Steuerung boten die beiden Loks besondere Anforderungen, da die Maschinen im funkferngesteuerten Betrieb unbemannt sind. Das Führerhaus kann durch zwei seitliche Türen betreten werden. Die Gmf 4/4 242 und 243 sind mit einer Funkfernsteuerung sowie einer elektronischen Fahrzeugsteuerung ausgerüstet. Haupteinsatzgebiet waren ursprünglich Aushubzüge beim Bau des Vereinatunnels. Heute werden beide Loks für diverse Zwecke wie Bauzüge, schwerere Dienstzüge, das Führen von Schneeschleudern / -fräsen oder Überfuhren eingesetzt. Außer auf der Bernina-Linie, wegen besonderen, bremstechnischen Anforderungen, sind die beiden Lokomotiven auf dem gesamten RhB-Netz zugelassen. An beiden Enden des Fahrzeugs sind die Lokomotiven mit Rangierplattformen ausgestattet. Derzeit sind die gelb gestrichenen Fahrzeuge in Klosters Platz (u.a. für den Lösch- und Rettungszug) sowie in Landquart stationiert. Eine Gmf 4/4 besitzt insgesamt sechs Fahrmotoren.

Erbauer:	**Kaelble-Gmeinder (D)**
Inbetriebsetzung:	**1991**
v max:	**60 km/h**
Dienstgewicht:	**50,3 t**
Leistung:	**592 kW**
Länge über Puffer:	**11'700 mm**
angetriebene Achsen:	**4**
Anstrich:	**gelb**
Anzahl total:	**2**
noch vorhanden:	**2**

ABe 4/4 30, 34

Für die von Beginn an elektrisch betriebene Berninabahn (BB) wurden zwischen 1908 und 1911 insgesamt 17 vierachsige Triebwagen erbaut, welche die Bezeichnung BCe 4/4 1 – 14 und BCFe 4/4 21 – 23 erhielten. Die durch Alioth und SIG erbauten Fahrzeuge waren bei der Ablieferung alle gelb gestrichen und wurden im Laufe der Zeit mehrmals umgezeichnet, umnummeriert, umgebaut und erhielten ein anderes Farbkleid (grün, grün/cremefarben, rot). Bei Inbetriebsetzung boten die Triebwagen 12 Sitzplätze in der zweiten und 18 respektive 24 Sitzplätze in der dritten Klasse sowie ein 4,9 m² großes Gepäckabteil (21 – 23), welches mit Klappsitzen ausgerüstet war und mit maximal 2,5 Tonnen beladen werden durfte. Die Fahrzeuge bewältigten den gesamten Personenverkehr auf der Bernina-Linie und kamen oft auch in Doppeltraktion zum Einsatz. Aber auch für Güter- und Dienstzüge wurden sie eingesetzt. Bereits in den Sechzigerjahren, als genügend modernere Triebwagen zur Verfügung standen, schieden die ersten Fahrzeuge aus dem Dienst. Die Triebwagen standen wie folgt im Einsatz und wurden noch als Personentriebwagen ausrangiert:

BCe 4/4 1 bis zu seinem Abbruch 2009 als ABe 4/4 31, in rotem Anstrich

BCe 4/4 2 bis zu seinem Abbruch 2009 als ABe 4/4 32, in rotem Anstrich

BCe 4/4 3 bis zu seinem Abbruch 1969 als ABe 4/4 3, in grünem Anstrich

BCe 4/4 5 bis zu seinem Abbruch 1962 (Brand) als ABe 4/4 33, in grünem Anstrich

BCe 4/4 7 bis zu seinem Abbruch 1967 als ABe 4/4 7, in grünem Anstrich

BCe 4/4 8 bis zu seinem Abbruch 1967 als ABe 4/4 8, in grünem Anstrich

BCe 4/4 11 bis zu seinem Abbruch 1977 als ABe 4/4 11, in rotem Anstrich

BCe 4/4 13 bis zu seinem Abbruch 1970 als ABe 4/4 15, in grün/cremefarbenem Anstrich

BCFe 4/4 23 bis zu seinem Abbruch 1969 als ABe 4/4 23, in grünem Anstrich

Fünf dieser ehemaligen Personentriebwagen wurden durch die RhB selber zu Dienstfahrzeugen umgebaut, wobei sie, in Pontresina und Poschiavo stationiert, noch als Hilfswagen dienten. Mit der Inbetriebnahme neuer Fahrzeuge und dadurch nicht mehr benötigten ABe 4/4"-Triebwagen, welche in Hilfswagen umgebaut wurden, konnte schließlich auf die gut 100 Jahre alten Fahrzeuge verzichtet werden.

BCe 4/4 6 stand von 1960 – 1969 als Xe 4/4 9921 im Einsatz, danach Abbruch;

BCe 4/4 9 stand von 1965 – 1998 als Xe 4/4 9920 im Einsatz, danach Abbruch;

BCe 4/4 12 stand zuerst als ABe 4/4 37 bis 1996 im Einsatz und wurde dann in den Xe 4/4 9923 umgebaut und diente als Hilfswagen in Poschiavo, orangefarbener Anstrich, Abbruch 2015;

BCe 4/4 14 stand zuerst als ABe 4/4 36 bis 1998 im Einsatz und wurde dann in den Xe 4/4 9924 umgebaut und diente als Hilfswagen in Pontresina, orangefarbener Anstrich, Abbruch 2012;

BCFe 4/4 21 stand zuerst als ABFe 4/4 38 (später ABDe 4/4 sowie BDe 4/4) bis 1992 im Einsatz und wurde dann in den Xe 4/4 9922 umgebaut und diente als Hilfswagen in Poschiavo, welcher zuerst ein orangefarbenes, später ein gelbes Farbkleid trug, Abbruch 2016.

Erbauer:	**SIG, Alioth**
Inbetriebsetzung:	**1908 – 1911**
v max:	**55 km/h**
Dienstgewicht:	**30 – 31 t**
Leistung:	**450 kW**
Länge über Puffer:	**13'900 – 14'700 mm**
angetriebene Achsen:	**4**
Anstrich:	**gelb, früher grün, grün-cremefarben, rot**
Anzahl total:	**17**
noch vorhanden:	**3**

Folgende drei Triebwagen sind noch betriebsfähig vorhanden:

BCe 4/4 4 stand von 1962 – 2001 als ABe 4/4 34 in rotem Anstrich im Einsatz und wurde dann optisch als historisches Fahrzeug in seinen Ursprungszustand zurückversetzt, gelber Anstrich, als ABe 4/4 34 bezeichnet;

BCe 4/4 10 stand von 1963 – 2010 als ABe 4/4 35 in rotem Anstrich im Einsatz und wurde dann der Museumsbahn Blonay – Chamby verkauft, wo er als historischer Triebwagen, weiterhin in rotem Anstrich zum Einsatz kommt;

BCFe 4/4 22 stand von 1966 – 2002 als ABe 4/4 30 in rotem Anstrich im Einsatz und wurde dann optisch als historisches Fahrzeuge in seinen Ursprungszustand zurückversetzt, gelber Anstrich, als ABe 4/4 30 bezeichnet.

Sämtliche Triebwagen wurden mit Lyra-Bügeln geliefert, einige der Wagen erhielten ab den Fünfzigerjahren Scherenstromabnehmer. Die Triebwagen ABe 4/4 30 – 38 wurden zwischen 1946 und 1951 noch zu Zweispannungstriebwagen umgebaut und waren deshalb auch auf der Chur-Arosa-Linie (Triebwagen 31 – 34, bis 1997) einsetzbar. Die ABe 4/4 30 und 34 waren wie die 31 und 32 untereinander vielfachsteuerbar. Fallweise werden die Fahrzeuge auch als ABe 4/4' bezeichnet. Auch gab es innerhalb der beiden Baulose (1 – 14, 21 – 23) Unterschiede zwischen den Fahrzeugen. Die beiden historischen Triebwagen ABe 4/4 30 und 34 kommen oft für Extrafahrten oder spezielle Anlässe zum Einsatz, gelegentlich auch in Doppeltraktion und mit einem passenden Personenwagen. Sie bieten jeweils 12 Sitzplätze in der ersten und 27 resp. 29 Sitzplätze in der zweiten Klasse. Sie werden auch als »Kessler-Zwillinge« bezeichnet.

2
1
Rhätische Bahn
ABe 4/4 34

ABe 4/4'' 46 – 47

Um die noch verbliebenen Fahrzeuge der ursprünglich 17 Triebwagen umfassenden Serie aus der Anfangszeit der Berninabahn ablösen zu können, beschaffte die RhB insgesamt neun Triebwagen, welche die Hersteller SWS, MFO und BBC ab 1964 lieferten. Die Lieferung erfolgte allerdings in zwei Serien: 1964 und 1965 kamen die ABe 4/4" 41 – 46 in Betrieb, ab 1972 dann die Nummern 47 – 49. Innerhalb dieser beiden Unterserien gibt es einige kleinere Unterschiede. Die Triebwagen, welche mit Vielfachsteuerung ausgestattet sind, übernahmen sogleich die Hauptverkehrslast auf der Bernina-Linie und drängten die Fahrzeuge aus der Eröffnungszeit in die Reserve oder aufs Abstellgleis. Die elektrische Ausrüstung der Triebwagen ist weitgehend identisch mit jener der beiden Zweikraftlokomotiven Gem

4/4 801 – 802. Ebenfalls konnten mit den Triebwagen die beiden »Bernina-Schneeschleudern« Xrotet 9218 und 9219 geführt werden. Auf Wunsch der RhB hat die SWS bei den Drehgestellen die SLM-Bauart mit sehr tiefliegenden Drehzapfen übernommen, was sich für eine geringe Achsentlastung und bei allfälligen Reparaturen als vorteilhaft erwies. Der Kasten des Fahrzeuges ist, wie damals üblich, eine vollständig verschweißte Stahlkonstruktion. Die ganze Triebfahrzeugserie war in Poschiavo und Pontresina stationiert und erledigte unermüdlich und zuverlässig ihre Dienste auf der Bernina-Linie. Erst die Anschaffung der neuen »Allegra-Züge« machte die Fahrzeuge entbehrlich. Im Jahr 2010 wurden die Triebwagen 41 – 45 ausrangiert und abgebrochen. Die Triebwagen 46 und 47 dienten noch einige Zeit lang als Reserve. Während der ABe 4/4" 46 als historisches Fahrzeug hergerichtet wurde und bei speziellen Anlässen zum Einsatz kommt, wird der Wagen 47 mit einer speziellen Einrichtung hauptsächlich zur Enteisung der Fahrleitung genutzt. Der Triebwagen 48 wurde im Jahr 2012 zum Diensttriebwagen 232 01 umgebaut, aus dem Triebwagen 49 wurde im Jahr 2014 der Hilfswagen 232 02, der dann 2015 zum 272 01 umnummeriert wurde. Beide sind in Poschiavo stationiert. Bleibt noch zu erwähnen, dass die ganze Serie bis zu ihrer Ausrangierung bzw. Umbau zu Dienstfahrzeugen keine wesentlichen Änderungen erhalten haben. In der ersten Klasse sind 12, in der zweiten Klasse 24 Sitzplätze vorhanden. Die Triebwagen bieten beidseitig je eine Einstiegsmöglichkeit und sind mit zwei Stromabnehmern ausgestattet. Auch wenn die Fahrzeuge nur mit ABe 4/4 angeschrieben sind, werden sie intern und auch unter Eisenbahnfreunden als ABe 4/4" bezeichnet.

Erbauer:	**SWS, MFO, BBC**
Inbetriebsetzung:	**1964 – 1965, 1972**
v max:	**65 km/h**
Dienstgewicht:	**41 – 43 t**
Leistung:	**700 kW**
Länge über Puffer:	**16'540 – 16'890 mm**
angetriebene Achsen:	**4**
Anstrich:	**rot**
Anzahl total:	**9**
noch vorhanden:	**4**

ABe 4/4 51 – 56

In den Jahren 1988 und 1990 erhielt die RhB je drei vierachsige, leistungsfähige Triebwagen, welche die SWA und ABB erbauten. Dadurch konnte der Fahrzeugpark auf der Bernina-Linie verjüngt und die Kapazität dank größerer Leistung der Triebwagen erhöht werden. Somit konnten die Triebwagen aus der Eröffnungszeit der BB in die Reserve oder für Dienstfahrten eingesetzt werden. Die als ABe 4/4 51 – 56 in Betrieb gesetzten Fahrzeuge tragen nur intern die Bezeichnung ABe 4/4'''. Die mit Vielfachsteuerung (mit ABe 4/4" 41 – 49 und Gem 4/4 801 – 802) ausgerüsteten Triebwagen bieten 12 Sitzplätze in erster Klasse und 16 Sitz-

vor schwereren Zügen auch oft in Doppeltraktion oder bei Bedarf mit einer der beiden Gem 4/4. Sie konnten sogar zuvor mit den beiden Schneeschleudern Xrote 9218 und 9219 eingesetzt werden. Die Triebwagen tragen Namen und Wappen mit Bezug zur Bernina-Region:

51 Poschiavo
52 Brusio
53 Tirano
54 Hakone (Partnerschaft mit RhB)
55 Corviglia
56 Diavolezza

Viele der Triebwagen waren auch schon als fahrende Werbeträger unterwegs und warben für RE Power, UNESCO, 100 Jahre Berninabahn etc. Sie verfügen über moderne Umrichtertechnik mit GTO-Thyristoren und dürften noch eine ganze Weile auf der Berninalinie im Einsatz stehen. Gut möglich, dass die formschönen und zuverlässigen Triebwagen gelegentlich ein Refit-Programm durchlaufen.

plätze in zweiter Klasse. Die Wagenkastenaufteilung entspricht der Vorgängerserie ABe 4/4″ 41 – 49. Zwecks Vergrößerung der Führerstände und des Sitzabstandes im Fahrgastraum besitzen die ABe 4/4‴ insgesamt 8 Sitzplätze weniger. Sie kommen nach wie vor auf der Bernina-Linie zwischen St. Moritz und Tirano zum Einsatz,

Erbauer:	**SWA, ABB, SIG**
Inbetriebsetzung:	**1988, 1990**
v max:	**65 km/h**
Dienstgewicht:	**47 t**
Leistung:	**1'016 kW**
Länge über Puffer:	**16'890 mm**
angetriebene Achsen:	**4**
Anstrich:	**rot**
Anzahl total:	**6**
noch vorhanden:	**6**

ABe 4/4 501

Im Jahr 1939 lieferten SWS, MFO und BBC vier neue, elektrische Triebwagen an die RhB. Die ursprüngliche Bezeichnung BCe 4/4 wurde mit der Aufhebung der dritten Klasse später in ABe 4/4 geändert. Bis zur Ablieferung der Ge 4/4'-Lokomotiven beförderten diese vier Triebwagen hauptsächlich Schnellzüge, danach machten sie sich im Regionalverkehr nützlich. Bereits 1946 wurden bei allen Fahrzeugen die Fahrmotoren und die Schaltwerke modernisiert. Zwischen 1968 und 1971 wurde den Triebwagen eine Vielfachsteuerung eingebaut. Die formschönen Triebwagen trugen die Betriebsnummer 501 – 504 sowie den Über-

Erbauer:	SLM, BBC, MFO
Inbetriebsetzung:	1939
v max:	70 km/h
Dienstgewicht:	40 t
Leistung:	440 kW
Länge über Puffer:	18'000 mm
angetriebene Achsen:	4
Anstrich:	rot
Anzahl total:	4
noch vorhanden:	1

namen »Fliegender Rhätier«. Noch zu Beginn der Achtzigerjahre erhielten die Fahrzeuge Anpassungen, um mit den Steuerwagen BDt 1721 – 1723 im Pendelzugverkehr eingesetzt werden zu können. Gegen Ende ihrer Betriebszeit beförderten sie noch regelmäßig die Pendelzüge zwischen Pontresina und Samedan, ehe zwischen 1997 und 1999 die Fahrzeuge 502 – 504 ausrangiert und abgebrochen wurden. Mit dem ABe 4/4 501 (12 Sitzplätze in der ersten und 28 Sitzplätze in der zweiten Klasse) hat ein Fahrzeug bis heute überlebt und wird gelegentlich für Extra- oder Sonderfahrten eingesetzt. Im internationalen Film »Youth« (I/F/CH/GB 2015) hat der 501er sogar noch einen kurzen Gastauftritt. Zu erwähnen sei noch, dass die zwischen 1968 und 1971 ausgebauten Faltenbälge zwischen 1982 und 1984 am 1.-Klasse-Abteil wieder angebaut wurden.

ABe 4/16 3101 – 3105

Da die Vorortspendelzüge Be 4/4 511 – 516 auch schon zwischen 40 und 50 Jahre im Einsatz standen, beschaffte die RhB beim Hersteller Stadler Fahrzeuge in den Jahren 2012 und 2013 fünf moderne, vierteilige Triebzüge. Da diese Züge aufgrund der verschiedenen Stromsysteme nicht auf der Bernina-Linie verkehren können, werden die ABe 4/16 3101 – 3105 auch als »Allegra-Stammnetztriebzüge« bezeichnet und kommen hauptsächlich im Regionalverkehr um Chur zum Einsatz, helfen aber bei Bedarf auch immer wieder mal auf anderen Strecken aus. Je nach Verkehrsaufkommen werden den Triebzügen auch noch einzelne Wagen angehängt. Die Triebzüge sind in ihrer Bauweise von den dreiteiligen ABe 8/12 3501 – 3515 abgeleitet. Bei den Zügen, welche einen Niederflureinstieg in den beiden Mittelwagen haben, lassen sich sogar noch einige Fenster öffnen. Entgegen anderen, zahlreichen »Stadler-Zügen« besitzt hier jeder der vier Wagen zwei eigene Drehgestelle. Die beiden Endwagen bieten Hochflureinstiege. Beim motorisierten Endwagen sind alle vier Achsen angetrieben, die restlichen sechs Drehgestelle bestehen aus reinen Laufachsen. Ein »Allegra« dieser Serie bietet 24 Sitzplätze in erster und 156 Sitz-

plätze in zweiter Klasse sowie zusätzlich 22 Klappsitze. Die Fahrzeuge sind mit einer Vielfachsteuerung ausgerüstet und jeder Wagen des Zugs bietet eine Einstiegstüre pro Seite. Alle fünf Fahrzeuge tragen Namen von Persönlichkeiten mit Bezug zum Kanton Graubünden:

3101 **Meta von Salis (Historikerin)**
3102 **Richard La Nicca (Ingenieur)**
3103 **Hortensia von Gugelberg (Ärztin, Publizistin)**
3104 **Achilles Schucan (Ingenieur)**
3105 **Angelika Kauffmann (Malerin)**

Erbauer:	**Stadler Fahrzeuge**
Inbetriebsetzung:	**2012 – 2013**
v max:	**100 km/h (technisch wären 120 km/h möglich)**
Dienstgewicht:	**105 t**
Leistung:	**1'400 kW**
Länge über Puffer:	**74'750 mm**
angetriebene Achsen:	**4**
Anstrich:	**rot**
Anzahl total:	**5**
noch vorhanden:	**5**

ABe 4/16 3111 – 3166

Bei der Anschaffung dieser neuen Triebzüge handelt es sich um die größte Fahrzeugbestellung in der Geschichte der Rhätischen Bahn. Stadler Fahrzeuge liefert ab 2019 insgesamt 56 vierteilige Triebzüge. Damit kann die Fahrzeugflotte massiv vereinfacht, modernisiert und älteres Rollmaterial ausgemustert werden. Ebenfalls fallen dann an einigen Endbahnhöfen Umfahrungsmanöver von Lokomotiven weg. Die auch als »Capricorn« (Steinbock) bezeichneten Züge bestehen aus einem Triebwagen mit vier angetriebenen Achsen, zwei Mittel- sowie einem Steuerwagen. Die als ABe 4/16 3111 – 3166 bezeichneten Züge können in Vielfachsteuerung verkehren und dank der automatischen Schwab-Kupplung schnell und effizient an- oder abgekuppelt werden. Im Betrieb können bis zu vier Einheiten gekuppelt werden und so auch als Flügelzüge (mit zwei verschiedenen Zielbahnhöfen) verkehren. Der Triebwagen des Zuges ist der einzige Fahrzeugteil, welcher nicht in Niederflurbauweise konstruiert worden ist. Bis 2023 soll die ganze Serie abgeliefert sein, sodass der Großteil des Personenverkehrs auf dem Stammnetz mit diesem Rollmaterial durchgeführt werden kann. Ein »Capricorn« bietet 35 Sitzplätze (Steuerwagen) in erster, deren 129 in zweiter Klasse sowie 18 Klappsitze. In einem der Mittelwagen befindet sich das Multifunktionsabteil mit behindertengerechter Toilette. Jeder vierteilige Zug weist vier Einstiegstüren pro Seite auf. Das Frontwappen des Kantons Graubünden ist beleuchtet. Die komfortablen Züge weisen eine sehr ruhige Laufeigenschaft auf. Im Herbst 2022 gelang der RhB ein weltweit beachteter Weltrekord, bei dem 25 (!) solcher Züge als zusammengekoppelter Zug mit 1'906 Metern

Länge über gut 25 km der Albula-Linie von sieben Lokführern gefahren wurden. Eine Besonderheit bietet der Zug 3133, welcher (bis jetzt) als einziger seiner Art einen Anstrich in champagnerähnlicher Farbe trägt. Grund dafür ist, dass der ABe 4/16 3133 den 500sten, durch Stadler gefertigten Wagenkasten besitzt. Vom Aufbau her ähnliche Züge werden derzeit an die benachbarte Matterhorn-Gotthard-Bahn (MGBahn) ausgeliefert, die grenzüberschreitende »Centovalli-Bahn« (FART) wird ebenfalls demnächst ähnliche Züge in Betrieb nehmen.

Erbauer:	**Stadler Fahrzeuge, ABB**
Inbetriebsetzung:	**2020 – 2023**
v max:	**120 km/h**
Dienstgewicht:	**119 t**
Leistung:	**1'000 kW**
Länge über Puffer:	**76'432 mm**
angetriebene Achsen:	**4**
Anstrich:	**rot**
Anzahl total:	**56**
noch vorhanden:	**56**

ABe 8/12 3501 – 3515

Im Zuge der Erneuerung des Fahrzeugparks der Rhätischen Bahn beschaffte die RhB zwischen 2009 und 2011 bei Stadler Fahrzeuge 15 moderne, dreiteilige Triebzüge. Jeder Wagen des Zuges läuft auf zwei eigenen Drehgestellen und ist somit allein rollfähig. Die als »Allegra« bezeichneten Fahrzeuge tragen die Bezeichnung ABe 8/12 3501 – 3515 und Namen von Bündner Persönlichkeiten oder von Personen mit Bezug zur RhB der Vergangenheit und der Gegenwart:

3501	**Willem Jan Holsboer (Begründer der RhB)**
3502	**Friedrich Hennings (Bauingenieur)**
3503	**Carlo Janka (Sportler)**
3504	**Dario Cologna (Sportler)**
3505	**Giovanni Segantini (Maler)**
3506	**Anna von Planta (Philanthropin)**
3507	**Benedetg Fontana (Ministerialer)**
3508	**Richard Coray (Zimmermeister)**
3509	**Placidus Spescha (Benediktinerpater)**
3510	**Alberto Giacometti (Maler, Bildhauer)**
3511	**Otto Barblan (Komponist)**
3512	**Jörg Jenatsch (Pfarrer, Politiker)**
3513	**Simeon Bavier (Tiefbauingenieur)**
3514	**Steivan Brunies (Lehrer, Naturschützer)**
3515	**Alois Carigiet (Maler, Autor)**

Im Gegensatz zu den vierteiligen »Allegra«-Zügen ABe 4/16 3101 – 3105 können diese Züge auch auf der mit Gleichstrom betriebenen Bernina-Linie fahren, da es sich um Zweisystemzüge handelt. Die ABe 8/12 bestehen aus je einem motorisierten Endwagen und einem antriebslosen Zwischenwagen, welcher über einen Niederflureinstieg verfügt. Anders als bei vielen modernen Fahrzeugen lassen sich bei einem »Allegra« immer noch einige Fenster öffnen. Die beiden 1.-Klasse-Abteile (2 x 12 Sitzplätze) befinden sich hinter den Führerständen, in der zweiten Klasse werden 76 Sitzplätze geboten. Auf der Bernina-Linie tragen sie mittlerweile die Hauptlast des Verkehrs, ebenso

auf der Chur-Arosa-Linie. In verkehrsschwächeren Zeiten sind sie oft als Alleinfahrer unterwegs. Die Züge besitzen untereinander eine Vielfachsteuerung, meistens werden den Triebzügen aber je nach Bedarf mehrere Wagen mitgegeben. Der ABe 8/12 3512 trug mehrere Jahre eine Vollwerbung für das Unternehmen "ABB".

Erbauer:	**Stadler Fahrzeuge**
Inbetriebsetzung:	**2012 – 2013**
v max:	**100 km/h (technisch wären 120 km/h möglich)**
Dienstgewicht:	**106 t**
Leistung:	**2'800 kW (AC) / 2'400 kW (DC)**
Länge über Puffer:	**49'600 mm**
angetriebene Achsen:	**8**
Anstrich:	**rot**
Anzahl total:	**15**
noch vorhanden:	**15**

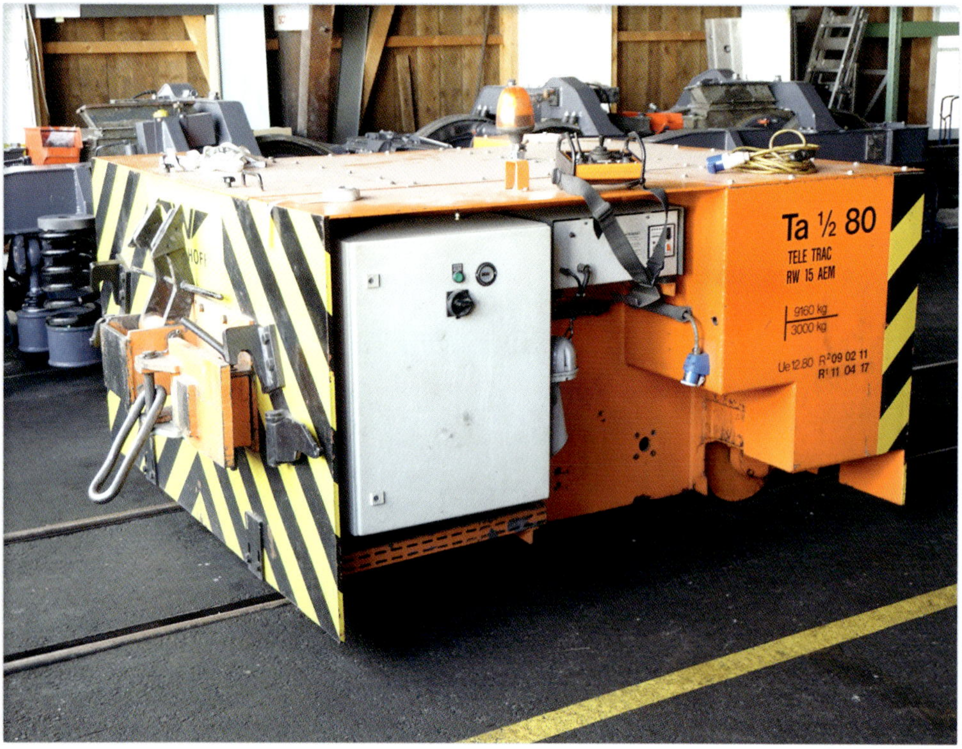

Ta 1/2 80

Dieses Rangierfahrzeug, durch die Firma Windhoff erbaut, kam bei der RhB 1980 in Betrieb. Das batteriebetriebene Fahrzeug ist auf einer Achse angetrieben und wurde bis zur Anschaffung neuer Rangierroboter des Typs »Zagro« in der Hauptwerkstätte Landquart benutzt. Damit konnten Wagen im Schritttempo in die gewünschte Position gebracht werden. Auch für Einsätze als Rangierfahrzeug für die Unterflur-Drehbank war es sehr oft eingeteilt. Die Bedienung durch das Personal erfolgt auf der Seite in sitzender Position. Im Gegensatz zu anderen Fahrzeugen für diesen Zweck besitzt der Ta 1/2 80 keine Funkfernsteuerung. Dies war eines der ersten Fahrzeuge dieser Art in der Schweiz, mittlerweile besitzen diverse Verkehrsunternehmen modernere Varianten von ähnlichen Akku-Fahrzeugen. Die beiden Fahrzeugenden sind in auffallendem gelbschwarz gestrichen. Das auch als Tele Trac bezeichnete Fahrzeug besitzt am oberen Ende ein Warnlicht.

Der Ta 1/2 80 ist mit einer Federspeicherbremse ausgerüstet. Nach wie vor ist er in Landquart noch vorhanden, seine Aufgaben sind aber unterdessen von modernen Rangierrobotern übernommen worden.

Erbauer:	**Windhoff, Rheine (D)**
Inbetriebsetzung:	**1980**
v max:	**3,9 km/h**
Dienstgewicht:	**3 t**
Leistung:	**2,5 kW**
Länge über Puffer:	**2'010 mm**
angetriebene Achsen:	**1**
Anstrich:	**orangefarben**
Anzahl total:	**1**
noch vorhanden:	**1**

Tm 2/2 81, 83 – 84

Der auf Rangiertraktoren spezialisierte Hersteller RACO fertigte für die RhB im Jahr 1985 vier zweiachsige, thermische Traktoren (Fabriknummern 1900 – 1903) für den Baudienst, wie sie in der damaligen Zeit in ähnlichen Ausführungen an diverse Bahnen schweizweit (Normal- und Schmalspur) geliefert wurden. Die als Tm 2/2 81 – 84 bezeichneten Fahrzeuge sind gelb gestrichen und in der für diesen Fahrzeugtyp üblichen Weise mit Führerhaus am Fahrzeugende und Plattform samt Hebekran aufgebaut. Die Zweiseitenklappbrücke mit einer Fläche von 7,3 m2 hat eine Ladekapazität von vier Tonnen. Der Lastkran kann mit maximal 800 kg belastet werden. Der 6-Zylinder-Dieselmotor stammt vom Hersteller Cummins. Gelegentlich werden die den Bahnmeistern zugeteilten Fahrzeuge auch für das Führen der Spurpflüge (Schneeräumung) Xk 9141 – 9147 eingesetzt. 1997 war der Tm 2/2 82 bei Cavadürli in einen schweren Unfall verwickelt, dass leider nichts anderes als der Abbruch übrigblieb. Die anderen drei Traktoren stehen nach wie vor im Dienst und sind in Ilanz (81), Thusis (83) und Landquart (84) stationiert, kommen aber auf dem ganzen Stammnetz zum Einsatz. Sie besitzen eine Zulassung für das gesamte RhB-Netz.

Erbauer:	**RACO**
Inbetriebsetzung:	**1985**
v max:	**50 km/h (geschleppt 60 km/h)**
Dienstgewicht:	**23 t**
Leistung:	**336 kW**
Länge über Puffer:	**8'790 mm**
angetriebene Achsen:	**2**
Anstrich:	**gelb**
Anzahl total:	**4**
noch vorhanden:	**3**

Tmf 2/2 85 - 90

Steigendes Verkehrsaufkommen und anspruchsvollere Rangiermanöver brachten die kleinen Tm 2/2 15 – 26 immer öfters an die Grenze ihrer Leistungsfähigkeit. Deshalb beschaffte die RhB ab 1991 bei RACO fünf Dieseltraktoren. Dank der guten Erfahrungen mit den ebenfalls durch RACO gelieferten Tm 2/2 81 – 84 wurde bei diesen neuen Traktoren wesentliche Teile der Antriebstechnik sowie die Cummins-Motoren übernommen. Im Gegensatz zu anderen RhB-Traktoren verfügen diese Fahrzeuge über eine elektronische Steuerung sowie eine Funkfernsteuerung, was einen flexibleren Einsatz zulässt. Im Jahr 1994 kam dann noch ein sechstes Fahrzeug hinzu. Die als Tmf 2/2 85 – 90 bezeichneten Fahrzeuge können ferngesteuert mit bis zu 30 km/h verkehren. Die leistungsfähigen (336 kW), zweiachsigen Traktoren eignen sich auch für leichtere Überfuhrzüge zwischen den Stationen. Die Traktoren kommen auf dem ganzen RhB-Netz zum Einsatz, typische Stationierungsorte sind z.B. Bahnhöfe wie Davos-Platz, Samedan, Zernez etc. Sie wurden aber bei Bedarf auch für den Rettungszug verwendet. Zwischen 2018 und 2020 wurden drei Traktoren (87 – 89) etwas umgebaut und verloren dadurch auch ihre Einrichtung für die Funkfernsteuerung. In einem hellen Gelb sind sie der Infrastruktur zugeteilt und seither als Tm 2/2 (nicht mehr als Tmf 2/2) unterwegs. Der Tm 2/2 90 erhielt vor kurzem auch ein Refit und sieht dadurch leicht anders aus als die restlichen Fahrzeuge. Er hat aber seinen orangefarbenen Anstrich behalten. Die Fahrzeuge besitzen eine Zulassung für das gesamte RhB-Streckennetz. Bei der Schmalspurbahn RBS (Regionalverkehr Bern – Solothurn) sind mit den Tmf 2/2 165 und 166 zwei relativ ähnliche Traktoren vom selben Hersteller im Einsatz.

Erbauer:	**RACO**
Inbetriebsetzung:	**1991 – 1994**
v max:	**50 / 65 km/h**
Dienstgewicht:	**24 t**
Leistung:	**336 – 480 kW**
Länge über Puffer:	**7'460 – 7'500 mm**
angetriebene Achsen:	**2**
Anstrich:	**orangefarben, gelb**
Anzahl total:	**6**
noch vorhanden:	**6**

Tm 2/2 93

Im Jahr 1971 erbaute die Lokomotivfabrik Schöttler (Schöma) in Diepholz (D) diesen Rangiertraktor mit der Fabriknummer 3311, welcher 1980 an die RhB gelangte. Zuvor war er auf Tunnelbaustellen in Österreich mit der Bezeichnung DL2 respektive KL 5 im Einsatz, weshalb er ein niedrigeres Führerhaus besitzt. Nach Beendigung der Arbeiten wurde er 1978 abgestellt. Bei der RhB wurde der Tm 2/2 93 dann von 900 mm auf 1'000 mm umgespurt und konnte nach weiteren Anpassungen auf der RhB 1981 in Betrieb genommen werden. Dadurch konnte der 1927 erbaute Tm 2/2 69 in Untervaz aus dem Dienst genommen und durch den Tm 2/2 93 ersetzt werden. In Untervaz diente er jahrelang dem Rangiermanöver (u. a. auch auf dem Dreischienengleis). Der Dieselmotor stammt von Deutz. Seit der Stationierung einer der neuen Geaf 2/2-Lokomotiven ist der Tm 2/2 93 der Hauptwerkstätte Landquart zugeteilt worden und dient seither mit montierter Hilfskupplung dem Verschieben der ABe 4/16-Züge (Capricorn). Ähnliche Traktoren, welche früher bei der AB, bei der MGB und bei der TPF im Einsatz standen, wurden ins Ausland verkauft oder abgebrochen. Durch die spezielle Form dieser zweiachsigen Traktoren mit ihren niedrigen Führerhäusern und den langen Vorbauten ist ihre Herkunft als Tunnelbaulokomotiven gut erkennbar.

Erbauer:	**Schöma, Deutz**
Inbetriebsetzung:	**1971**
v max:	**35 km/h (geschleppt 60 km/h)**
Dienstgewicht:	**21 t**
Leistung:	**162 kW**
Länge über Puffer:	**6'500 mm**
angetriebene Achsen:	**2**
Anstrich:	**orangefarben**
Anzahl total:	**1**
noch vorhanden:	**1**

Tm 2/2 95 – 98

Beim deutschen Hersteller Windhoff beschaffte die RhB 1998 vier moderne Baudiensttraktoren. Im Prinzip basieren sie vom Aufbau her auf den Vorgängern Tm 2/2 81 – 84. Eigentlich sollten nur zwei Fahrzeuge beschafft werden, aber nach dem unfallbedingten Ausscheiden des Tm 2/2 82 im Jahr 1997 entschied man sich für die Anschaffung von insgesamt vier Fahrzeugen. Die gelb gestrichenen Tm 2/2 95 – 98 (die Dieselmotoren stammen von Cummins) sind den Baudiensten in Arosa (95), Davos (96), Samedan (97) und Zernez (98) zugeteilt, besitzen aber eine Zulassung für das gesamte RhB-Netz. Ihr Haupteinsatzgebiet sind Bau- und Dienstzüge. Die Ladefläche besitzt eine Kapazität von 7,3 m² und verfügt über eine Ladegrenze von stattlichen 6 t. Mit der Inbetriebnahme dieser Fahrzeuge konnte auf die beiden störungsanfälligen und deshalb nicht sonderlich beliebten Te 2/2 74 und 75 verzichtet werden. Die vier Fahrzeuge besitzen rechteckige Scheinwerfer und eine geräumige Führerkabine, die beinahe die halbe Fahrzeuglänge abdeckt. Der Tm 2/2 98 wurde 2008 zusätzlich mit einer Magnetschienenbremse ausgestattet.

Erbauer:	**Windhoff**
Inbetriebsetzung:	**1998 – 1999**
v max:	**50 km/h (60 km/h geschleppt)**
Dienstgewicht:	**22 t**
Leistung:	**336 kW**
Länge über Puffer:	**8'790 mm**
angetriebene Achsen:	**2**
Anstrich:	**gelb**
Anzahl total:	**4**
noch vorhanden:	**4**

Tm 2/2 111 - 120

In zwei Baulosen beschafften die RhB insgesamt zehn moderne, leistungsfähige Rangiertraktoren. Die durch Schöma erbauten und mit einem Cummins-Dieselmotor ausgestatteten Traktoren wurden zwischen 2001 und 2002 (111 – 114) sowie in einer zweiten Tranche 2006 (115 – 120) in Betrieb genommen. Die auf dem ganzen RhB-Netz flexibel einsetzbaren Traktoren ähneln optisch den Tmf 2/2 85 – 90, besitzen aber im Gegensatz zu diesen keine Funkfernsteuerung und werden daher als Tm 2/2 bezeichnet. Die orangefarbenen Traktoren verteilen sich auf das ganze RhB-Netz und sie auf Bahnhöfen wie Davos-Platz, Ilanz, Thusis, Campocologno u.a. zu finden. Mit diesen modernen Traktoren konnten einerseits die in die Jahre gekommenen und altersschwachen Tm 2/2 15 – 26 abgelöst werden, andererseits kann dank höherer Leistung mehr Last befördert werden. Haupteinsatzgebiet dieser modernen Traktoren ist der Rangierdienst auf mittleren und auch größeren Bahnhöfen der RhB. Beim RBS (Regionalverkehr Bern – Solothurn) stehen ähnliche Traktoren im Einsatz. Zwischen den beiden »Kleinserien« 111 – 114 und 115 – 120 gibt es doch einige Unterschiede, wenn auch kaum im optischen Bereich.

Erbauer:	**Schöma**
Inbetriebsetzung:	**2001 – 2002, 2006**
v max:	**50 km/h (geschleppt 60 km/h)**
Dienstgewicht:	**23 – 25 t**
Leistung:	**317 – 324 kW**
Länge über Puffer:	**7'490 – 7'790 mm**
angetriebene Achsen:	**2**
Anstrich:	**orangefarben**
Anzahl total:	**10**
noch vorhanden:	**10**

Xm 2/2 9916

Dieser dieselelektrische Turmwagen für den Fahrleitungsunterhalt kam 1964 auf der RhB in Betrieb und ist ein Gemeinschaftsprodukt der Hersteller RACO und Deutz (Dieselmotor). Auch die RhB beteiligte sich selber noch am Bau. Er wurde damals als Ersatz für einen älteren Turmwagen (9911) angeschafft, welcher 1969 abgebrochen wurde. Im Gegensatz zu den älteren Turmwagen wurde bei diesem Dienstfahrzeug der Wagenkasten über die ganze Länge des Unterbaus gebaut. Die Arbeitsbühne auf dem Dach wird elektrisch angetrieben. Der Xm 2/2 9916, welcher früher oxydrot und orangefarben gestrichen war, ist wie die meisten Dienstfahrzeuge gelb gestrichen und besitzt eine Zulassung für das gesamte RhB-Netz. Seine Domäne ist aber die Bernina-Linie. Der 9916 hat eine maximale Ladekapazität von 3,5 t. Dieser Fahrleitungsturmtriebwagen ist normalerweise in Poschiavo stationiert, seine RACO-Fabriknummer ist 1636.

Erbauer:	**RACO, Deutz, RhB**
Inbetriebsetzung:	**1964**
v max:	**40 km/h (geschleppt 60 km/h)**
Dienstgewicht:	**13 t**
Leistung:	**90 kW**
Länge über Puffer:	**5'960 mm**
angetriebene Achsen:	**2**
Anstrich:	**gelb, früher oxydrot und orangefarben**
Anzahl total:	**1**
noch vorhanden:	**1**

Xm 2/2 9917

Im Jahr 1975 baute die Rhätische Bahn in Zusammenarbeit mit dem Hersteller Pfingstweid AG in Eigenregie diesen zweiachsigen Turmwagen. Der Dieselmotor stammt von der deutschen Firma Deutz. Das als Xm 2/2 9917 bezeichnete Dienstfahrzeug war bei der Ablieferung oxydrot gestrichen, seit 1993 trägt es ein gelbes Farbkleid. Die Fahrmotoren stammen vom ehemaligen »Bernina-Triebwagen« ABe 4/4 33, welcher damals einem Fahrzeugbrand zum Opfer fiel. 1997 konnte dank einer Modernisierung und einem neuen Deutz-Dieselmotor die Leistung gesteigert werden. Die verstell- und drehbare Hebebühne besitzt einen hydraulischen Antrieb. Das praktische Fahrzeug erhielt eine vollwertige Werkstattausrüstung und ist mit Einrichtungen wie Halogenscheinwerfern, heizbaren Fenstern, einer Bordnetz-Stromversorgung u. a. ausgerüstet. Der Stromabnehmer dient lediglich zur Kontrolle der Fahrleitung. Das Fahrzeug ist in Landquart stationiert, kann aber auf dem gesamten RhB-Netz eingesetzt werden.

Erbauer:	**RhB, Pfingstweid AG**
Inbetriebsetzung:	**1975**
v max:	**50 km/h (geschleppt 60 km/h)**
Dienstgewicht:	**27 t**
Leistung:	**220 kW**
Länge über Puffer:	**8'740 mm**
angetriebene Achsen:	**2**
Anstrich:	**gelb, früher oxydrot**
Anzahl total:	**1**
noch vorhanden:	**1**

Xmf 2/2 9921

Im Jahr 1994 kam bei der RhB dieses durch RACO und Moog in Deggenhausen (spezialisiert auf Brückenzugangstechnik) erbaute Dienstfahrzeug in Betrieb. Der Xmf 2/2 9921, mit einer Funkfernsteuerung ausgerüstet, diente hauptsächlich der Brückeninspektion. Das Fahrzeug kann aber auch als normales Baudienstfahrzeug eingesetzt werden, je nach Bedarf wurde die Hebebühne zur Brückeninspektion oder der Ladekran z.B. für den Baudienst montiert. Das ausfahrbare Gerät verfügte über eine maximale Länge von 11,5 m (!). Der Tmf 2/2 9921 besitzt denselben Dieselmotor (Cummins) wie die Tmf 2/2 85 – 90 und ist auf dem gesamten RhB-Netz zugelassen. Das Untergestell basiert auf den Mitte der Achtzigerjahre erbauten Baudiensttraktoren Tm 2/2 81 – 84. Das Brückeninspektionsgerät samt dazugehörendem Kran wurde bereits im Jahr 2000 an den Wagen Xak 9394 (ehemaliger Mineralölkesselwagen) »abgegeben«. Somit ist das Dienstfahrzeug heute permanent mit einem Kran ausgerüstet. In seiner Bauweise ist der Tmf 2/2 9921 ist bis heute in der Schweiz ein Einzelgänger geblieben und, wie für Fahrzeuge der RhB-Infrastruktur üblich, gelb gestrichen.

Erbauer:	**RACO, Moog**
Inbetriebsetzung:	**1994**
v max:	**60 km/h**
Dienstgewicht:	**29 t**
Leistung:	**336 kW**
Länge über Puffer:	**8'540 mm**
angetriebene Achsen:	**2**
Anstrich:	**gelb**
Anzahl total:	**1**
noch vorhanden:	**1**

Xmf 2/2 9925

Die Firma Holder lieferte im Jahr 2002 dieses kleine Zweiwegefahrzeug (Typ C 9800H) an die Rhätische Bahn aus. Der Xmf 2/2 (mit Funkfernsteuerung, funktionierend im Schienenbereich) wird ausschließlich in Selfranga (Vereina-Tunnel) für das Verschieben von Wagen und Autozügen eingesetzt. Dort ist er auch in einer kleinen Garage stationiert. Die Größe des Fahrzeugs täuscht darüber hinweg, aber es kann maximal 13 Zwischenwagen (!), zwei Auffahrwagen sowie einen Steuerwagen im Bahnhofsbereich bewegen. Auf Seite der Fahrerkabine besitzt das Fahrzeug eine BSI-Kupplung, am Fahrzeugende eine normale RhB-Kupplung. Zugelassen ist das Fahrzeug im Schienenbetrieb lediglich im Bahnhofsbereich von Selfranga, im Straßenbereich natürlich überall. Der Xmf 2/2 9925 besteht aus zwei »Teilen« mit einem Gelenk in der Mitte, womit sehr enge Radien befahren werden können. In den Wintermonaten mit viel Schnee wird der 9925 normalerweise nicht eingesetzt, da er mit seinen Gummirädern nur sehr schlecht Halt findet.

Mit angehobenen Pneurädern darf der 9925 auf Schiene mit maximal 40 km/h verkehren. Auch bei diesem technisch interessanten Fahrzeug handelt es sich um einen Einzelgänger.

Erbauer:	**Holder, (Meili, Friedli AG)**
Inbetriebsetzung:	**2002**
v max:	**40 km/h (Schiene)**
Dienstgewicht:	**4,1 t**
Leistung:	**65 kW**
Länge über Puffer:	**4'900 mm**
angetriebene Achsen:	**2**
Anstrich:	**orangefarben**
Anzahl total:	**1**
noch vorhanden:	**1**

Xm 2/2 9926 – 9927

Im Jahr 2007 beschaffte die RhB vier Zweiwegefahrzeuge, welche durch die Firma Schörling-Brock geliefert wurden. Der Aufbau stammt vom Hersteller Brändle. Bei den Xm 2/2 9926 und 9927 handelt es sich um zwei Feuerwehr-Tanklöschfahrzeuge, welche normalerweise in den Feuerwehrstützpunkten in Lavin und Klosters (Vereina-Tunnel) stationiert sind. Ausschlaggebend für die Anschaffung der neuen Feuerwehr-Fahrzeuge war die Überarbeitung eines neuen Sicherheitskonzepts der RhB, welches vorschrieb, für die zahlreichen Tunnel-Streckenabschnitte der RhB mit modernen Rettungsfahrzeugen, welche den heutigen Vorschriften entsprechen, ausgerüstet zu sein. Mit diesen beiden Fahrzeugen, welche bei Bedarf schnell aufgegleist sind, können auf verschiedene Arten (Sprühnebel, Wassernebel, Vollstrahl, Schaum etc…) Brände bekämpft werden. Zusätzlich sind die Fahrzeuge mit Leitern (Dach) ausgerüstet. Obwohl die Fahrzeuge primär für den Einsatz auf den Gleisen der RhB gedacht sind, können sie natürlich auch für andere Zwecke verwendet werden. Als Basis diente der Fahrzeugtyp MAN LE 10.220. Die polizeilichen Kennzeichen sind GR 5350 und GR 5334. Wie auch für die Xm 2/2 9928 und 9929 gibt es auf den Bahnhöfen spezielle, markierte Eingleisungsstellen. Sie besitzen eine Zulassung für das Stammnetz.

Erbauer:	**Schörling-Brock, Brändle, MAN**
Inbetriebsetzung:	**2007**
v max:	**35 km/h (Schiene)**
Dienstgewicht:	**9,9 t**
Leistung:	**162 kW**
Länge über Puffer:	**7'195 mm**
angetriebene Achsen:	**2**
Anstrich:	**zitronengelb**
Anzahl total:	**2**
noch vorhanden:	**2**

Xm 2/2 9928 – 9929

Ergänzend zu den beiden Tanklöschfahrzeugen beschaffte die RhB beim selben Hersteller zwei Tunnelrettungsfahrzeuge, welche ebenfalls über eine Zweiwegeeinrichtung verfügen. Vor der Anschaffung der sechs neuen Fahrzeuge waren diese beiden als Xm 2/2 9928 und 9929 bezeichneten Fahrzeuge in Lavin und Bergün stationiert, heute befindet sich je ein Fahrzeug in Lavin und in Klosters. Ein Rettungswagen (RW) bietet im Notfall bis zu 20 Personen Platz und ist mit einer Hebeplattform sowie seitlich ausfahrbaren Aufstiegstreppen ausgerüstet. Zwischen den beiden Fahrzeugtypen 9926 – 9927 und 9928 – 9929 gibt es Unterschiede, auch äußerlich, im Großen und Ganzen sind sie vom Grundaufbau her aber doch recht ähnlich. Für die Fahrzeuge gibt es fest markierte Eingleisungsstellen an den betreffenden Bahnhöfen. Mit den Zweiwegefahrzeugen finden regelmäßig Übungen statt. Sie sind »zitronengelb« gestrichen und in Feuerwehrgaragen stationiert. Im Gegensatz zu den neuen Xm 2/2 278 01 – 06 verfügen diese Fahrzeuge über etwas weniger technische Hilfsmittel. Eine Eingleisung dauert normalerweise nur wenige Minuten. Die Autokennzeichen sind GR 5532 und 5533. Zugelassen sind sie auf den Stammnetzlinien der RhB.

Erbauer:	**MAN, Brändle / Schörling-Brock**
Inbetriebsetzung:	**2007**
v max:	**35 km/h (Schiene)**
Dienstgewicht:	**9 t**
Leistung:	**162 kW**
Länge über Puffer:	**7'555 mm**
angetriebene Achsen:	**2**
Anstrich:	**zitronengelb**
Anzahl total:	**2**
noch vorhanden:	**2**

Xe 4/4 232 01

Um die beinahe 100 Jahre alten Diensttriebwagen Xe 4/4 9922 – 9924 ersetzen zu können, baute die RhB aus dem ehemaligen Personentriebwagen ABe 4/4" 48 im Jahr 2012 dieses Dienstfahrzeug, welches in Poschiavo stationiert ist. Während beim Umbau das 2.-Klasse-Abteil entfernt und dafür ein Werkstattraum mit Schiebetoren eingerichtet wurde, ist das 1.-Klasse-Abteil immer noch vorhanden. Das der Abteilung Infrastruktur zugeteilte Fahrzeuge ist in einem hellen Gelb gestrichen und wird für allerlei Dienste eingesetzt, kann aber auch für die Schneeräumung mit einer der beiden modernen Schneefräsen 954 03 oder 954 04 genutzt werden. Der zuvor als ABe 4/4" 48 auf der Bernina-Linie eingesetzte Triebwagen bot vor seinem Umbau zum Dienstwagen 12 Sitzplätze in der ersten Klasse sowie 24 Sitzplätze in der zweiten Klasse. Aufgrund der Spannung kann er nur auf der Bernina-Linie eingesetzt werden. Der Triebwagen, ist wie der Xe 4/4 272 01 mit einer vakuumgesteuerten Druckluftbremse, einer Feststellbremse, einer elektrischen Rekuperations- und Widerstandsbremse, einer Druckluft-Rangierbremse sowie einer elektromagnetischen Schienenbremse ausgerüstet.

Erbauer:	**SWS, BBC**
Inbetriebsetzung:	**1972**
v max:	**65 km/h**
Dienstgewicht:	**44 t**
Leistung:	**680 kW**
Länge über Puffer:	**16'890 mm**
angetriebene Achsen:	**4**
Anstrich:	**hellgelb**
Anzahl total:	**1**
noch vorhanden:	**1**

Xmf 6/6 244 01 - 02

Plasser & Theurer, Spezialist für Baudienst- und Kranfahrzeuge, lieferte 2007 dieses sechsachsige, selbstfahrende Dienstfahrzeug (Typ MTW 100) an die RhB, welche es als Xmf 6/6 92020 in Betrieb setzte. Das gelb gestrichene Fahrzeug besitzt an den Fahrzeugenden zwei verschiedene Führerstände und verfügt über eine Funkfernsteuerung. Der kleinere Führerstand lässt sich drehen. Das Fahrzeug wird auch als »Gelenk-Turmtriebwagen« bezeichnet und besitzt in der Fahrzeugmitte eine Arbeitshebebühne sowie einen Kran; beides ist vom Führerstand aus bedienbar. Die beiden Dieselmotoren treiben die drei zweiachsigen Drehgestelle an. Bevor dann 2016 ein zweites, nahezu baugleiches Fahrzeug in Betrieb genommen wurde, erhielt der Xmf 6/6 seine neue Betriebsnummer 244 01, währenddem das zweite Fahrzeug als Xmf 6/6 244 02 in Betrieb kam. Mit diesen beiden Mehrzweckfahrzeugen verfügt die RhB über zwei moderne Arbeitsfahrzeuge für den Fahrleitungsunterhalt, womit auf einige ältere Fahrzeuge, welche demselben Zweck dienten, verzichtet werden konnte. Diese beiden Turmwagen können auf dem ganzen Netz der RhB eingesetzt werden. Mit beinahe 20 Metern Länge gehört das Fahrzeug zu den längsten Dienstfahrzeugen der RhB.

Erbauer:	**Plasser & Theurer (D)**
Inbetriebsetzung:	**2007, 2016**
v max:	**90 km/h**
Dienstgewicht:	**69,5 t**
Leistung:	**790 kW**
Länge über Puffer:	**19'260 mm**
angetriebene Achsen:	**6**
Anstrich:	**gelb**
Anzahl total:	**2**
noch vorhanden:	**2**

Xmf 4/4 244 03 – 04

Im Jahr 1994 kamen auf der RhB diese zwei vom deutschen Hersteller »Windhoff« gefertigten Fahrleitungsunterhaltswagen als Xmf 4/4 9918 und 9919 in Betrieb. Die Dieselmotoren stammen, wie bei anderen Dienstfahrzeugen auch, oft vom Hersteller Cummins. Der Stromabnehmer dient zur Kontrolle der Fahrleitung, kann aber auch zur Schutzerdung verwendet werden. Diverse Einrichtungen sind von beiden Führerständen aus bedienbar. Die Arbeitsbühne am Fahrzeugende ist frei drehbar und der Kran besitzt eine maximale Ausfahrlänge von 15 Metern. Nach beinahe 25 Jahren Dienstzeit erhielten beide Fahrzeuge ein Refit-Programm. Im November 2019 konnte der bei Windhoff frisch revidierte Xmf 4/4 244 03 (ex 9918) auf der RhB wieder in Betrieb genommen werden. Bei der kompletten Überholung der hydraulischen, pneumatischen und elektrischen Installationen, der Sanierung der kompletten Inneneinrichtung und Revision der Drehgestelle wurde das Fahrzeug wieder

auf den modernsten Stand gebracht. Auch der ehemalige Xmf 4/4 9919 durchlief dasselbe Programm und ist seither als Xmf 4/4 244 04 wieder im Einsatz. Dank des Modernisierungsprogramms konnte die Höchstgeschwindigkeit von 60 auf 90 km/h erhöht werden, was einen flexibleren Einsatz ermöglicht. Die beiden Dienstfahrzeuge sind seit ihrer Inbetriebnahme mit einer Funkfernsteuerung ausgerüstet.

Erbauer:	Windhoff
Inbetriebsetzung:	1994 (2019/2020)
v max:	90 km/h
Dienstgewicht:	47 t
Leistung:	485 kW
Länge über Puffer:	15'640 mm
angetriebene Achsen:	4
Anstrich:	gelb
Anzahl total:	2
noch vorhanden:	2

Taf 2/2 265 91 – 265 93, 265 94

Mit Blick auf die Beschaffung der neuen Allegra-Triebzüge bestellte die RhB 2010 beim Hersteller Zagro (Bad Rappenau, D) zwei selbstfahrende Zweiwege-Verschubfahrzeuge für die Werkstätten Landquart und Poschiavo. Das praktische Schiene- /Straßenfahrzeug (Typ E-Maxi) wird durch vier kleine Elektromotoren angetrieben, die Energieversorgung erfolgt über 80-V-Batterien. Die Fahrzeuge können über Funkfernsteuerung bedient werden. Im Jahr 2015 kam noch ein drittes Fahrzeug hinzu. Zwei Fahrzeuge sind in Landquart stationiert, das dritte in Poschaivo auf der Bernina-Linie. Eines der beiden Fahrzeuge in Landquart wird zum Platzieren des Triebzugs oder einzelnen Wagen auf der Unterflurdrehanlage benutzt. Diese Einsätze führte bis anhin der Ta 1/2 80 aus. Das Fahrzeug fährt sowohl im Straßen- wie im Schienenbetrieb auf den Vollgummirädern, daher dienen die Schienenrollen ausschließlich der Spurführung. Die drei Kleinfahrzeuge besitzen auf der einen Seite einen Kuppelstangenadapter, am anderen Fahrzeugende eine starre Standardzug- und Stoßvorrichtung der RhB. 2021 kam noch ein viertes, ähnliches Fahrzeug (ebenfalls ein E-Maxi) hinzu, welches sich aber in der Bauart zu den anderen drei unterscheidet (4,76 t, Länge 3'560 mm). Vermutlich dürfte es die Nummer 265 94 erhalten und ist ebenfalls in Landquart stationiert. Demnächst soll die RhB nochmals zwei »Zagros« erhalten. Unterdessen besitzen diverse Schweizer Privatbahnen, Straßenbahnbetriebe, die SBB und Firmen zahlreiche solche Zweiweg-Rangiergeräte in diversen Ausführungen, weil damit flexibel in Hallen, Werkstatt- und Depotanlagen emissionsfrei und nach neuesten Sicherheitsvorschriften gearbeitet werden kann.

Erbauer:	Zagro
Inbetriebsetzung:	2010, 2015, 2021
v max:	6 km/h
Dienstgewicht:	4,5 – 4,76 t
Leistung:	8 kW
Länge über Puffer:	3'400 – 3'560 mm
angetriebene Achsen:	2
Anstrich:	gelb
Anzahl total:	4
noch vorhanden:	4

Xe 4/4 272 01

Während aus dem ehemaligen ABe 4/4" 48 der heutige Xe 4/4 232 01 wurde, bauten die RhB in Eigenregie einen zweiten Triebwagen der Serie zu einem weiteren Hilfswagen um: 2014 wurde aus dem ABe 4/4" 49 der Xe 4/4 232 02, welcher nur ein Jahr später zum Xe 4/4 272 01 umnummeriert wurde. Dieser orangefarbene Triebwagen ist ebenfalls in Poschiavo stationiert. Im Gegensatz zu seinem »Schwesterfahrzeug«, dem Xe 4/4 232 01, wurden beim 272 01 die Fenster während des Umbaus verschlossen, daher bietet das Fahrzeug ein spezielles, aber nicht uninteressantes Aussehen und ist auch zweisprachig mit »Hilfswagen« resp. »Vagone soccorso« angeschrieben. Beide Hilfswagen sind mit einem Gleichstrom-Hauptschlussmotor in Tatzlagerbauweise ausgestattet. Der 272 01 wird hauptsächlich bei Entgleisungen oder anderen Notfällen herangezogen. Wie der 232 01 kann er nur auf der Bernina-Linie eingesetzt werden. Von der Teilserie ABe 4/4" 47 – 49 sind neben dem ABe 4/4" 46 der ersten Teilserie alle drei Triebwagen noch auf der RhB vorhanden. Somit wurde die »alte Tradition«, aus der ältesten Triebwagengeneration der Berninabahn, welche aus dem Verkehr genommen wird, praktische Hilfswagen zu bauen, weiterhin aufrechterhalten.

Erbauer:	**SSW, BBC**
Inbetriebsetzung:	**1972**
v max:	**65 km/h**
Dienstgewicht:	**44 t**
Leistung:	**680 kW**
Länge über Puffer:	**16'890 mm**
angetriebene Achsen:	**4**
Anstrich:	**orangefarben**
Anzahl total:	**1**
noch vorhanden:	**1**

Foto: H. Burkhalter

Xm 2/4 274 01 – 274 04

Die RhB besaß an ihren beiden Tunnelportalen des Vereinatunnels nach wie vor Lösch- und Rettungszüge, welche mittels einer Lokomotive bewegt werden mussten. Um über moderne und den neuesten Sicherheitsstandards entsprechende Fahrzeuge zu verfügen, beschaffte die RhB bei Müller Technologie AG insgesamt vier neue Fahrzeuge, wobei eine Einheit aus je einem Löschfahrzeug und einem Rettungsfahrzeug besteht. Alle Fahrzeuge besitzen zwei Führerstände an beiden Fahrzeugenden. Die beiden Fahrzeugarten unterscheiden sich lediglich vom Aufbau her. Die vierachsigen Dienstfahrzeuge sind selbstfahrend und die Aufrüstdauer beträgt keine 5 Minuten. Das Löschfahrzeug (274 01 und 02) bietet Platz für die Feuerwehrmannschaft (max. 16), über 25'000 Liter Löschwasser sowie dazugehörende Ausrüstung. Ein Rettungswagen (274 03 und 04) bietet 4 Feuerwehrleuten sowie im Notfall 80 – 100 Personen Platz im Rettungsraum und dieser dient hauptsächlich der Versorgung von verletzten Personen sowie dem sicheren Transport aus der Gefahrenzone. Die vier Fahrzeuge (je 2) sind in Klosters Selfranga sowie bei Sagliains stationiert. Da sie nicht mehr auf eine thermische Lokomotive zur Fortbewegung angewiesen sind, können sie innert kurzer Zeit an den gewünschten Ort positioniert werden. Die vorhandenen Betriebsmittel reichen für einen maximal fünfstündigen Einsatz.

	Löschwagen 274 01 – 02	Rettungswagen 274 03 – 04
Erbauer:	Müller Technologie AG	Müller Technologie AG
Inbetriebnahme:	2022	2022
v max:	40 km/h	40 km/h
Betriebsgewicht:	72 t	53 t
Leistung:	280 kW	280 kW
Länge über Puffer:	18'800 mm	18'800 mm
angetriebene Achsen:	2	2
Anstrich:	zitronengelb	zitronengelb
Anzahl total:	2	2
noch vorhanden:	2	2

Xm 2/2 278 01 – 06

In Zusammenhang mit der Gebäudeversicherung hat die RhB ein netzweites Schutzkonzept für ihre Bahnlinien, bekannt für topographisch schwierige Verhältnisse, ausgearbeitet. Zu diesem Zweck beschaffte die RhB sechs moderne Zweiwegefahrzeuge, welche durch die lokalen Stützpunkte der Feuerwehren benutzt werden. Ziel der Fahrzeuge ist es, möglichst schnell an jeden möglichen Punkt des Schienennetzes hinzukommen, vor allem an Stellen, welche von der Straße her nur sehr schlecht oder gar nicht zugänglich sind. Sie sind mit speziellem Lösch- und Rettungsmaterial ausgerüstet. Erbaut wurden die sechs

Erbauer:	Brändle, Müller
Inbetriebsetzung:	2016 – 2017
v max:	40 km/h (Schiene) / 80 km/h (Straße)
Dienstgewicht:	12,5 t
Leistung:	184 kW
Länge über Puffer:	7'720 mm
angetriebene Achsen:	2
Anstrich:	hellgelb
Anzahl total:	6
noch vorhanden:	6

Fahrzeuge 2016 und 2017, am Bau waren die Firmen Brändle AG sowie Müller Technologie AG in Frauenfeld beteiligt. Mithilfe von Kameras können die Fahrzeuge an speziellen Eingleisungsstellen (davon gibt es 57 (!) auf dem Netz der RhB) in bestimmten Bahnhöfen schnell aufgegleist werden. Zugeteilt sind die sechs baugleichen Fahrzeuge den Feuerwehrstützpunkten in Arosa, Bergün, Ilanz, Pontresina, Poschiavo und Thusis, dort jeweils in den Feuerwehrgaragen eingestellt. Sie werden auch als Zweiweginterventionsfahrzeuge bezeichnet.

Xrotd 9213

Weil schon früh auf der damals noch eigenständigen Berninabahn (BB) der Ganzjahresbetrieb eingeführt werden sollte, beschaffte die BB bei der SLM 1910 und 1912 zwei selbstfahrende Dampfschneeschleudern, welche als G 2x 3/3 1051 und 1052 in Betrieb gesetzt wurden. 1944 bei der Übernahme der BB durch die RhB wurden die Fahrzeuge zu R 13 und R 14, ab 1954 erhielten sie dann ihre heutigen Bezeichnungen Xrotd 9213 und 9214. Jedes Fahrzeug besteht aus einem imposanten Schleuderrad (Durchmesser 2'500 mm), dem Fahrzeugkasten mit Holzaufbau sowie einem zweiachsigen Tender. Die maximale Drehzahl des Schleuderrads beträgt 170 U/min. Für die Bedienung des Fahrzeugs sind drei Personen (2 Lokführer, 1 Heizer) nötig. Mit den seitlich ausfahrbaren Flügeln können bis zu 3,25 Meter (Breite) geräumt werden, die maximale Räumhöhe beträgt 2,67 Meter. Die beiden Xrotd standen im Einsatz bis 1967 neue Fahrzeuge angeschafft wurden und kamen danach in die Reserve. Die 9213 ist heute nach wie vor betriebsfähig vorhanden und wird gelegentlich, auch für Fotofahrten oder zu bestimmten Anlässen, von Pontresina aus eingesetzt. Das Schwesterfahrzeug Xrotd 9214 kam nach einem Gastspiel auf der DFB (1990 – 1996) zur Westschweizer Museumsbahn Blonay – Chamby. Die Xrotd 9213 trägt die Fabriknummer 2149 und ist eine der ganz wenigen, betriebsbereiten Dampfschneeschleudern weltweit. Die Steuerungen für den Lokomotiv- wie auch für den Schleuderantrieb stammen vom Hersteller Heusinger.

Erbauer:	**SLM**
Inbetriebsetzung:	**1910**
v max:	**36 km/h (12 km/h Schleuderbetrieb)**
Dienstgewicht:	**63,5 t (Maschine 45 t, Tender 18,5 t)**
Leistung:	**428 kW**
Länge über Puffer:	**13'670 mm**
angetriebene Achsen:	**6**
Anstrich:	**braun**
Anzahl total:	**2**
noch vorhanden:	**2**

Xrotm 9214

Bei diesem nicht selbstfahrenden Dienstfahrzeug handelt es sich um eine Schneefräse, welche die Firma Zaugg in Eggwil 2001 erbaute. Der Unterbau allerdings stammt von dem ausrangierten Güterwagen Gbk-v 5606, welchen 1913 De Dietrich fertigte. Er gehörte zu einer Serie von 15 Güterwagen des Typs K1 5601 – 5615, welche in den Jahren 1959/50 neue Stahlaufbauten erhielten und als Gbk-v 5601 – 5615 bezeichnet wurden. Aufgrund der schlechten Sichtverhältnisse im Ablieferungszustand wurde durch die RhB selber bei einem leichten Umbau die Führerkabine um 550 mm erhöht. Die beiden Schleuderaggregate der Fräse sind unabhängig voneinander verstellbar. Die Xrotm 9214 wurde vor allem angeschafft, um in schneereichen Wintern die beiden Verladerampen des 1999 eröffneten Vereinatunnels vom Schnee befreien zu können. Das Fahrzeug kann sogar mit etwas Muskelkraft problemlos von Hand verschoben werden. Die Nummer 9214 war bei der RhB durch eine Dampfschneeschleuder bereits einmal belegt. Die maximale Räumbreite beträgt 4,60 Meter, die Räumhöhe 2,05 Meter. Normalerweise ist das Fahrzeug in Davos-Platz stationiert. Bis auf einige Ausnahmen kann die Xrotm 9214 beinahe mit jedem Triebfahrzeug eingesetzt werden. Das Fahrzeug besitzt einen gelben Anstrich (Fräse: rot).

Erbauer:	**De Dietrich, Zaugg**
Inbetriebsetzung:	**1913, 2001**
v max:	**60 km/h (geschleppt)**
Dienstgewicht:	**15,8 t**
Leistung:	**420 kW**
Länge über Puffer:	**8'470 mm**
Achsen:	**2**
Anstrich:	**gelb**
Anzahl total:	**1**
noch vorhanden:	**1**

Xrotmt 9217

Die »Stammnetz-Schleuder« Xrotmt 9217 ist ein Gemeinschaftsprodukt der Hersteller Beilhack (Rosenheim, D), Josef Meyer (Rheinfelden AG) und Deutz und kam 1981 in Betrieb. Die elektrischen Bauteile des Fahrzeugs bauten die RhB größtenteils selber ein. Mit dieser großen und sehr leistungsfähigen Schneeschleuder konnte endlich die kleine Xrotm 9216 entlastet werden. Da die 9217 nicht selbstfahrend ist, benötigt das Fahrzeug zur Fortbewegung eine Schublokomotive. Das bei der Ablieferung oxydrot gestrichene Fahrzeug trägt heute einen orangefarbenen Anstrich. Die 9217 war lange Zeit in Landquart stationiert, heute befindet sie sich als Reserve in Pontresina. Obwohl sie eine Zulassung für das gesamte RhB-Netz sowie auch für die MGBahn besitzt, wird sie meistens auf dem »Stammnetz« eingesetzt. Der Aufbau des Fahrzeugs ist um 180 Grad drehbar. Bis zur Anschaffung der vier neuen Schneefräsen war die 9217 das größte Schneeräumungsfahrzeug der RhB. Es besitzt eine maximale Räumbreite von 4,6 Metern und eine maximale Räumhöhe von 2,5 Metern. Bei der MGBahn befindet sich mit der Xrotm 4934 ein ähnliches Fahrzeug im Einsatz.

Erbauer:	**Beilhack, JMR, Deutz**
Inbetriebsetzung:	**1981**
v max:	**60 km/h (geschleppt)**
Dienstgewicht:	**38 t**
Leistung:	**335 kW**
Länge über Puffer:	**11'000 mm**
Achsen:	**4**
Anstrich:	**orangefarben, früher oxydrot**
Anzahl total:	**1**
noch vorhanden:	**1**

Xrotmt 954 01 – 02

Beim auf Schneefräsen spezialisierten Hersteller Zaugg beschaffte die RhB 2012 zwei moderne, sehr leistungsfähige Schneefräsen. Die wuchtigen Maschinen sind mit einem Mercedes-Motor ausgerüstet. Der Unterschied dieser beiden Fahrzeuge zu jenen beiden der Bernina-Linie besteht im Wesentlichen darin, dass diese beiden nur eine seiten- / höhenverschiebbare Fräshaspel haben. Mit diesen beiden modernen Räumungsfahrzeugen konnte die Xrotm 9217 in die Reserve eingeteilt werden, die kleine Xrotm 9216 (Chur – Arosa) fand ab 2015 beim DFB ein neues Einsatzgebiet. Die nicht selbstfahrenden Fräsen benötigen eine Zweimannbedienung, als Schubfahrzeuge kommen die Gmf 4/4 231 01 – 04, die Gmf 4/4 242 – 243 oder die Tmf 2/2 85 – 90 in Frage. Die maximale Räumbreite beträgt im zweiten Durchgang 5,8 Meter, die Räumhöhe 2,05 Meter. Die Wurfweite beträgt wie bei ihren sehr ähnlichen Schwesternmaschinen am Bernina 18 bis 40 Meter. Diese beiden »Stammnetz-Fräsen« sind normalerweise in Chur Sand respektive in Thusis stationiert.

Erbauer:	**Zaugg**
Inbetriebsetzung:	**2012**
v max:	**60 km/h (Schleppfahrt)**
Dienstgewicht:	**24,5 t**
Leistung:	**440 kW**
Länge über Puffer:	**10'001 mm**
Anstrich:	**hellgelb**
Anzahl total:	**2**
noch vorhanden:	**2**

Xrotmt 954 03 – 04

Die beiden älteren, elektrischen Schneeschleudern Xrot 9218 – 9219 standen doch beinahe 50 Jahre im Dienst und stießen mit ihrer Räumungsleitung des Öfteren an ihre Grenzen. Ein Jahr vor den beiden modernen Schneefräsen für das Stammnetz und die Chur-Arosa-Linie erhielt 2011 die Rhätische Bahn zwei ähnliche Schneeräumungsfahrzeuge für die kurvenreiche Bernina-Linie, welche im technischen Bereich einige Abweichungen zu den anderen beiden Xrotmt 954 01 und 02 haben. Die beiden Dienstfahrzeuge erhielten die Bezeichnung Xrotmt 954 03 und 04, Erbauer war ebenfalls die Firma Zaugg. Im Gegensatz zu den beiden anderen modernen Schneefräsen besitzen diese beiden Fahrzeuge vier Fräshaspeln. Die Schneefräsen sind normalerweise in Pontresina und Poschiavo stationiert, in den Sommermonaten sind sie oft in Landquart (Unterhalt) anzutreffen. Allerdings besitzen sie eine Zulassung für das gesamte RhB-Netz. Da sie nicht selbstfahrend sind, kommen als Schubfahrzeuge die Gem 4/4 801 – 802, die Gmf 4/4 234 01 – 04, die Tmf 2/2 85 – 90 oder die Gmf 4/4 242 – 243 in Frage. Letztere beiden können mit den Schneefräsen gar in Funkfernsteuerung eingesetzt werden. Die maximale Räumhöhe beträgt 2,70 Meter, die Räumbreite (im zweiten Durchgang) stattliche sechs Meter und die Wurfweite wird mit 18 bis 40 Meter angegeben. Damit konnte eine (9218) der beiden älteren Schneeschleudern der Bernina-Linie im Jahr 2013 ausrangiert werden, während die andere Maschine (9219) im Jahr 2015 bei der MGBahn als Xrotm 4936 eine neue Bleibe fand. Während des Fräsbetriebs muss das Fahrzeug von zwei Personen (Triebfahrzeugführer und Maschinist des Fräsaggregates) bedient werden. Bei diesen beiden Fahrzeugen sowie auch bei den 954 01 – 02 ist der Aufbau um 180 Grad drehbar.

Erbauer:	**Zaugg**
Inbetriebsetzung:	**2011**
v max:	**60 km/h (geschleppt)**
Dienstgewicht:	**30 t**
Leistung:	**440 kW**
Länge über Puffer:	**10'240 mm**
angetriebene Achsen:	**2**
Anstrich:	**gelb**
Anzahl total:	**2**
noch vorhanden:	**2**

Geschichte

Bereits 1891 gab es erste Forderungen nach einer Bahnlinie ins Misox, um an die 1882 eröffnete Gotthardbahn angeschlossen zu sein. Nachdem 1903 der erste Bauvertrag zwischen dem Initiativkomitee und der Firma Rieter aus Winterthur abgeschlossen werden konnte, erteilte die eidgenössische Kontrollbehörde die Bewilligung zum Bau einer 1'500-V-Fahrleitung. Am 6. Mai 1907 fand die Einweihung der Teilstrecke zwischen Bellinzona und Lostallo statt, der Rest bis Mesocco folgte am 31. Juli desselben Jahres. Die »Ferrovia elettrica Bellinzona – Mesocco« (BM) war geboren. Bereits in den ersten Betriebsjahren hatte die Bahn mit Unwetterschäden zu kämpfen. 1942 übernahm die RhB die BM, dadurch erhielt sie Subventionen aus der eidgenössischen Privatbahnhilfe. Das Rollmaterial wurde umnummeriert und mit dem RhB-Logo versehen. Mit der Inbetriebnahme des Valmoesa-Stahlwerkes erlebte die Bahn einen Aufschwung im Güterverkehr. Dennoch ging die Zeit nicht spurlos an der Bahn vorbei. Leider wurde die Bahn nie richtig modernisiert, auch das Rollmaterial aus der Eröffnungszeit kam in die Jahre. 1969 schieden gleich zwei Fahrzeuge infolge einer Frontalkollision aus. Die Bahn war defizitär und 1969 gab es bereits erste Ideen, die Bahn teilweise stillzulegen.1970 kam es sogar während einer Demonstration zum Erhalt der Bahn zu einem Polizeieinsatz. Dennoch wurde am 28. Mai 1978 trotz Protesten der Personenverkehr auf der Misoxerbahn eingestellt und auf die Straße verlegt. Güterverkehr fand weiterhin statt. 1978 verwüstete ein Unwetter den oberen Streckenteil zwischen Cama und Mesocco derart schwer, dass dieser Teil stillgelegt und abgebaut wurde. Ebenso wurde das Teilstück zwischen Castione-Arbedo und Bellinzona abgebaut. Der Güterverkehr brach mit der Schließung des Stahlwerkes im Jahr 1987 stark ein. Der restliche Güterverkehr reduzierte sich auf ein Minimum, so dass die Kosten nicht mehr gedeckt werden konnten. Bereits ab 1995 führte der Verein SEFT (Società Esercizio Ferroviario Turistico) einen Museumsbetrieb zwischen

Castione-Arbedo (SBB-Anschluss) und Cama durch. Die Fahrten waren beliebt und es kamen verschiedene Triebwagen zum Einsatz. Im Jahr 2003 wurden auch die Strecke und die Konzession auf die SEFT übertragen. Doch schließlich verlangte die Gemeinde Roveredo die Entfernung der Gleise, um den Ortskern umgestalten zu können. Somit war das Schicksal der Bahn besiegelt. Im Dezember 2013 verkehrte die Museumsbahn ein letztes Mal. Die Konzession zur Beförderung lief Ende 2013 aus und der Kanton Graubünden widerrief die beantragte Infrastrukturkonzession, welche noch bis Ende 2020 gelaufen wäre. Damit endete die Geschichte der Misoxerbahn. Ein Nachteil war auch der abgelegene Bahnhof in Bellinzona der BM, welcher nie an die SBB angeschlossen worden war. Die Gleise sind heute weitgehend abgebaut. Es sind noch diverse Bahnhöfe vorhanden, ebenso ist an vielen Orten noch das Trassee auszumachen. Brücken, Tunnels und sogar die Remise in Mesocco blieben bis zum heutigen Tag erhalten. Ideen eines Normalspurgütergleises bis Grono wurden genauso wenig verwirklicht wie eine Bahnlinie von Mesocco über San Bernardino bis Thusis.

Strecke

Die Strecke hatte ihren Ausgangspunkt in Bellinzona, leider etwas abgelegen vom SBB-Bahnhof. Die weiteren bedienten Orte waren:

Molinazzo
Castione-Arbedo, Gleisanschluss mit der SBB
Castione Villagio, kleine Haltestelle, Gebäude noch vorhanden
Lumino
dazwischen lag das Valmoesa-Stahlwerk
San Vittore, Bahnhof mit Ausweichgleis, Bahnhof noch vorhanden
Roveredo, Bahnhof mit Ausweichgleis
San Antonio, Haltestelle
Grono, Bahnhof mit Ausweichgleisen, in der Nähe die Remise, Gebäude noch vorhanden
Leggia, Bahnhof mit Ausweichgleis, Gebäude noch vorhanden, Güterwagen als Denkmal
Cama, Bahnhof mit Ausweichgleis, Endpunkt der Museumsstrecke
Piani die Verdabbio, Haltestelle
Sorte, Haltestelle
Lostallo, Bahnhof mit Ausweichgleisen, Gebäude noch vorhanden
Vigna, Haltestelle
Soazza, Bahnhof mit Ausweichgleis, Gebäude noch vorhanden
Mesocco, Endbahnhof, mit Remise, Gebäude noch vorhanden

Die ganze Strecke hatte eine Betriebslänge von 31,3 km. Sie war in Meterspur gebaut und wurde mit 1'500 V Gleichstrom betrieben. 26 Brücken und drei Tunnels verteilten sich auf die gesamte Strecke, wobei sich die drei Tunnels alle zwischen Vigna und Mesocco befanden. Der Bahnhof in Bellinzona lag auf 227 M.ü.M., die Station Mesocco auf 766 M.ü.M. Die zulässige Höchstgeschwindigkeit der Bahn lag zwischen 35 und 55 km/h. Gegen Ende ihrer Betriebszeit bot die Bahn 11 – 13 Personenzugpaare täglich. Zwischen Lumino und San Vittore überquerte die Bahnlinie die Kantonsgrenze zwischen Tessin und Graubünden.

ABDe 4/4 451 – 455

Zur Betriebseröffnung bekam die damals noch selbständige Ferrovia elettrica Bellinzona – Mesocco drei elektrische, vierachsige Triebwagen, zwei Jahre später, im Jahr 1909, kamen nochmals zwei baugleiche Fahrzeuge hinzu. Die Fahrzeuge entstanden als Gemeinschaftsprodukt der Hersteller Ringhoffer (Prag), Rieter und MFO und kamen als BCe 4/4 1 – 5 in Betrieb. Die Stromabnehmer mit je einem Doppelholm und einem Schleppbügel saßen auf vier Deltaglocken und waren auf Holzbohlen auf dem Dach montiert. Zwischen 1943 und 1947 wurde bei allen fünf Triebwagen MFO-Pantographen montiert. Bis 1951 erhielten alle fünf Triebwagen ein 3,86 m2 großes Gepäckabteil und standen fortan als ABDe 4/4 451 – 455 in Betrieb. Ihre Betriebsnummern erhielten sie allerdings schon bei der Übernahme der BM durch die RhB im Jahr 1942. Die Triebwagen standen für den Personen- wie auch für den Güterverkehr im Einsatz und durchliefen bis zu ihrer Ausrangierung keine größeren Umbauten mehr. 1969 verunfallten gleich zwei der Triebwagen, was dann für die 451 und 455 auch den Abbruch bedeutete. Nach der Einstellung des Personenverkehrs im Jahr 1972 gingen auch die 452 und 453 ins Alteisen. Lediglich der ABDe 4/4 454 überlebte noch eine Zeit lang. Nach dem er 1987 offiziell ausrangiert worden war (zuvor diente er noch als Reserve für den

BDe 4/4 491 im Güterverkehr), stand er längere Zeit in Grono abgestellt, sein Zustand verschlechterte sich mehr und mehr. Der im Jahr 2003 gegründete Verein »Ferrovia Mesolcinese« (FM) übernahm von der RhB das gesamte, noch vorhandene Rollmaterial. Nach einer Zwischenlagerung in Stabio wurde der ABDe 4/4 454 aufgrund seines sehr schlechten Zustands 2011 leider abgebrochen. Zu Betriebszeiten bot ein ABDe 4/4 12 Sitzplätze in der ersten und 38 Sitzplätze in der zweiten Klasse.

Erbauer:	**Ringhoffer, Rieter, MFO**
Inbetriebsetzung:	**1907, 1909**
v max:	**55 km/h**
Dienstgewicht:	**31,3 t**
Leistung:	**176 – 294 kW**
Länge über Puffer:	**15'100 mm**
angetriebene Achsen:	**4**
Anstrich:	**rot (früher grün-cremefarben, grün)**
Anzahl total:	**5**
noch vorhanden:	**--**

Foto: Sammlung C. Seifert

De 4/4 471

Ebenfalls im Jahr 1907 lieferten die Hersteller Ringhoffer, Rieter, MFO diesen Gütertriebwagen an die Bahn aus. Er kam als Fe 4/4 501 in Betrieb und wurde in grünem Farbkleid in Betrieb genommen. Er entsprach im elektrischen Teil den BCe 4/4-Triebwagen. Die Ladefläche mit einer Größe von 17,74 m2 durfte mit maximal 10 Tonnen beladen werden. Bis zur Übernahme der BM durch die RhB erhielt das Fahrzeug kaum nennenswerte Änderungen. Bei der RhB erfolgte seine Umbezeichnung zum De 4/4 471, 1945 wurden die beiden Schleppbügel durch einen Scherenpantographen (Seite Bellinzona) ersetzt. 1963 erhielt er ein rotes Farbkleid. 1969 kam es mit dem ABDe 4/4 451 in Lumino zu einer Frontalkollision, so dass für beide Fahrzeuge nur noch der Abbruch übrigblieb.

Erbauer:	**Ringhoffer, Rieter, MFO**
Inbetriebsetzung:	**1907**
v max:	**55 km/h**
Dienstgewicht:	**25,8 t**
Leistung:	**147 kW**
Länge über Puffer:	**11'100 mm**
angetriebene Achsen:	**4**
Anstrich:	**rot (früher grün)**
Anzahl total:	**1**
noch vorhanden:	**--**

BDe 4/4 491

Im Jahr 1958 lieferten die SWS und die BBC diesen vierachsigen, elektrischen Triebwagen an die RhB für die Misoxerlinie aus. Er ging mehr oder weniger gleichzeitig mit den ABDe 4/4 481 – 486 für die Chur-Arosa-Linie in Betrieb. Der Triebwagen verfügte über einen 11 m2 großen Laderaum mit einer Kapazität von 5 Tonnen. Er wurde hauptsächlich im Güterverkehr (Rollschemelverkehr Valmoesa-Stahlwerk) eingesetzt, im Personenverkehr war er nur selten zu sehen. Auch nach der Einstellung des Personenverkehrs 1972 diente er nach wie vor dem regen Güterverkehr zwischen dem Stahlwerk und dem SBB Bahnhof Castione-Arbedo. Als 2003 auch der Güterverkehr eingestellt wurde, ging der Triebwagen an den Verein über und wurde für touristische Fahrten eingesetzt. Er erhielt noch eine optische Auffrischung und die neue Bezeichnung BDe 4/4 6, anlehnend an die anderen fünf Triebwagen der FM. Nach Einstellung des Museumsbetrieb 2013 war er jahrelang in Grono eingestellt. Ein geplantes Eisenbahnmuseum dort kam nie zu Stande, dem Triebwagen drohte der Abbruch. Dank des Clubs 1889 geschah dies glücklicherweise nicht. Im Frühling 2021 wurde der Triebwagen schön hergerichtet und steht seit Juli 2021 in Bergün am Bahnhof als Denkmal und erinnert als »Grotto 491« an vergangene Zeiten im Misox. Er war das einzige Triebfahrzeug, welches für die Misoxerlinie durch die RhB als Neukauf angeschafft wurde.

Erbauer:	**SWS, BBC**
Inbetriebsetzung:	**1958**
v max:	**65 km/h**
Dienstgewicht:	**42,8 t**
Leistung:	**600 kW**
Länge über Puffer:	**17'700 mm**
angetriebene Achsen:	**4**
Anstrich:	**rot**
Anzahl total:	**1**
noch vorhanden:	**1**

ABe 4/4 1 – 2

Die Appenzeller Bahn beschaffte 1933 vier elektrische Triebwagen mit der Bezeichnung BCe 4/4 27 – 30. Im Jahr 1949 wurden die vier Triebwagen in 40 – 43 umnummeriert. Nach Anschaffung von neuem Rollmaterial konnte auf die Fahrzeuge verzichtet werden. 1971 und 1972 war der ABe 4/4 41 bereits leihweise im Misox, um die beiden Unfallfahrzeuge ABDe 4/4 451 und De 4/4 471 zu ersetzen. 1987 kam der ABe 4/4 42 für immer in die Südschweiz, das Schwesterfahrzeug 41 folgte im Jahr 2001. Der ABe 4/4 42 wurde noch mit dem RhB-Logo und »Ferrovia Retica« versehen, der ABe 4/4 41 trug den Schriftzug »Ferrovia Mesolcinese«. Die beiden Triebwagen standen, später als ABe 4/4 1 und 2, noch bis zur Einstellung des Museumsbetriebs 2013 im Einsatz und wurden danach abgestellt. Während der Triebwagen 2 abgebrochen wurde, fand der ABe 4/4 1 in Grono bei einer Firma als Denkmal eine neue Bleibe. Bei der Appenzeller Bahn selber ist der ABe 4/4 43 als betriebsfähiges, historisches Fahrzeug BCe 4/4 30 erhalten geblieben. Der vierte Triebwagen wurde schon vor Jahren bei der Appenzeller Bahn nach einem Brand verschrottet. Ein ABe 4/4 bot 12 Sitzplätze in der ersten und 40 Sitzplätze in der zweiten Klasse.

Erbauer:	**SIG, MFO**
Inbetriebsetzung:	**1933**
v max:	**65 km/h**
Dienstgewicht:	**34,2 t**
Leistung:	**452 kW**
Länge über Puffer:	**16'700 mm**
angetriebene Achsen:	**4**
Anstrich:	**rot-cremefarben**
Anzahl total:	**4**
noch vorhanden:	**2**

ABe 4/4 3

Die Ferrovia Lugano – Ponte Tresa nahm zur Betriebseröffnung 1912 drei, durch SWS und Alioth erbaute, vierachsige Triebwagen in Betrieb. Die BCe 4/4 1 – 3 boten damals 16 Sitzplätze in der ersten und 40 Sitzplätze in der zweiten Klasse. Der Wagen 3 erhielt 1954 eine Modernisierung, bei welcher der elektrische Teil sowie der Wagenkasten erneuert wurden. Die drei Triebwagen (ab 1956 ABe 4/4 1 – 3) standen bis zur Inbetriebnahme von drei neuen Gelenktriebwagen im Jahr 1968 im Einsatz und wurden danach in die Reserve eingeteilt. Wagen 1 verfiel 1970 dem Abbruch, Wagen 2 folgte zwei Jahre später. Der ABe 4/4 3 diente noch einige Zeit lang als Dienstfahrzeug und konnte dann 1998 an die damalige Assoziazione Amici Ferrovie Mesolcinesi (AAFM, später FM, SEFT) abgegeben werden. Leider wurde bei einem Zusammenprall der Triebwagen erheblich beschädigt, so dass er leider abgebrochen werden musste. Lediglich ein Führerstand des Fahrzeugs blieb in einem kleinen Bahnmuseum in Agno (FLP) erhalten.

Erbauer:	**SWS, Alioth**
Inbetriebsetzung:	**1912**
v max:	**55 km/h**
Dienstgewicht:	**29 t**
Leistung:	**210 kW**
Länge über Puffer:	**16'070 mm**
angetriebene Achsen:	**4**
Anstrich:	**blau-weiß**
Anzahl total:	**3**
noch vorhanden:	**--**

ABe 4/4 5

Die Ferrovia Biasca – Acquarossa (1911 – 1973) erhielt 1963 einen fünften Triebwagen des Typs BCe 4/4. Dieser vierachsige Triebwagen stand bis zur Betriebseinstellung der BA im Einsatz und konnte dann von der damaligen Oberaargau-Jura-Bahn (OJB, später RVO, heute ASm) übernommen werden, wo er als Be 4/4 80 in Betrieb kam und im Regionalverkehr eingesetzt wurde. 1990 gelangte er leihweise zur Biel-Täuffelen-Ins-Bahn (BTI, heute ebenfalls ASm) und wurde 1997 von der BTI fix übernommen, welche ihn als Be 4/4 109 bezeichnete. Mit der Inbetriebnahme neuer Fahrzeuge auf der BTI konnte auf den inzwischen umnummerierten Be 4/4 521 verzichtet werden. Mit der Einstellung des Wagenladungsverkehrs Ende 2011 gab es für den Be 4/4 521 keine Verwendung mehr. Im Dezember 2002 erfolgte die Überfuhr ins Tessin zurück und er fand bei der SEFT ein neues Einsatzgebiet. Dort wurde er neu gestrichen und erstrahlte seit Frühjahr 2011 wieder im grün-weißen Originalanstrich der BA. Er stand bis zum Ende des Museumsbetriebs als Be 4/4 5 an Fahrtagen der SEFT im Einsatz. Da ein geplantes, kleines Eisenbahnmuseum in Grono nie verwirklicht wurde, konnte er 2021 vom Wagi-Museum in Schlieren übernommen werden, wo er heute als Ausstellungsobjekt besucht werden kann. Der Triebwagen bot 58 Sitzplätze in der zweiten Klasse.

Erbauer:	**SWS, SAAS**
Inbetriebsetzung:	**1963**
v max:	**55 km/h**
Dienstgewicht:	**28 t**
Leistung:	**280 kW**
Länge über Puffer:	**16'450 mm**
angetriebene Achsen:	**4**
Anstrich:	**grün-weiß, (früher weiß-orangefarben)**
Anzahl total:	**1**
noch vorhanden:	**1**

ABDe 4/4 484, 486

Nachdem Mitte der Fünfzigerjahre immer noch mit den Triebwagen aus der Eröffnungszeit gefahren wurde, beschloss die RhB, den Fahrzeugpark auf der Chur-Arosa-Linie zu modernisieren. 1957 und 1958 kamen sechs elektrische, vierachsige Triebwagen in Betrieb, welche durch die Hersteller SWS und BBC geliefert wurden. Damit konnten die sechs Triebwagen, geliefert zwischen 1914 und 1929, abgelöst werden. Diese wurden ursprünglich noch durch die Chur-Arosa-Bahn (ChA) beschafft. Mit den neuen Fahrzeugen und passenden Wagen konnte der Reisekomfort gesteigert und die Kapazität erhöht werden. Den als ABDe 4/4 481 – 486 in Betrieb gestellten Triebwagen folgten 1973 noch zwei weitere, recht ähnliche Fahrzeuge: die ABe 4/4 487 – 488. Die Triebwagen erledigten zuverlässig ihre Dienste auf dieser kurvenreichen Strecke, ehe die RhB beschloss, die Spannung der Chur-Arosa-Linie an jene des Stammnetzes anzupassen. Damit konnten auch lokomotivbespannte Züge eingesetzt werden. Die Umstellung erfolgte am 29. November 1997 und somit wurden die ABDe 4/4-Triebwagen über Nacht arbeitslos. Die Wagen 484 und 486 konnten 1998 an die französische Museumsbahn »Chemin de fer de la Mure« verkauft werden, wo sie sich auch heute noch befinden. Es kam zu einzelnen Einsätzen der Triebwagen, die Museumsbahn war aber längere Zeit außer Betrieb und wird vermutlich auf dem unteren Abschnitt überhaupt nie mehr verkehren. Die restlichen vier Triebwagen 481, 482, 483 und 485 verfielen dem Abbruch. Die ABDe 4/4 481 – 486 boten 12 Sitzplätze in der ersten und deren 24 in der zweiten Klasse. Das 3,5 m² große Gepäckabteil konnte mit einer maximalen Last von 1,5 Tonnen beladen werden.

Erbauer:	**SWS, BBC**
Baujahr:	**1957 – 1958**
v max:	**65 km/h**
Dienstgewicht:	**42,8 t**
Leistung:	**500 kW**
Länge über Puffer:	**17'770 mm**
angetriebene Achsen:	**4**
Anstrich:	**rot**
Anzahl total:	**6**
noch vorhanden:	**2**

ABe 4/4 35

Zwischen 1908 und 1911 nahm die damalige Berninabahn (BB) insgesamt 17 elektrische, vierachsige Triebwagen in Betrieb, welche von Beginn für den Gesamtverkehr auf der reizvollen Bernina-Strecke zuständig waren. Die ganze Serie wurde im Laufe der Zeit mehrmals umgebaut und umnummeriert. Ebenfalls trugen die Triebwagen verschiedene Anstrichvarianten. Mit der Anschaffung von neuen Triebwagen (ABe 4/4 41 – 46 / 47 – 49) in den Sechzigerjahren (ABe 4/4 41 – 49) konnte zunehmend auf die schon betagten Triebwagen verzichtet werden. Einige wurden modernisiert oder zu Dienstwagen umgebaut, andere verfielen dem Abbruch. Der 1908 in Betrieb gesetzte BCe 4/4 10 (aus der Serie 1 – 10) wurde bereits 1949 ein erstes Mal umgebaut und erhielt schon damals die Betriebsnummer 35. 1967 wurde der Lyrabügel durch einen Einholmstromabnehmer ersetzt. Bei der RhB stand er noch bis 2010 – er war damals schon stolze 102 Jahre (!) alt – in Betrieb. Aufgrund des guten Zustandes fand er bei der Westschweizer Museumsbahn Blonay – Chamby (BC) eine neue Bleibe und führt regelmäßig Museumszüge oberhalb des Genfersees. Er trägt immer noch seinen roten RhB-Anstrich.

Erbauer:	**SIG, Alioth**
Baujahr:	**1908**
v max:	**45 km/h**
Dienstgewicht:	**29 t**
Leistung:	**206 kW**
Länge über Puffer:	**13'930 mm**
angetriebene Achsen:	**4**
Anstrich:	**gelb, grün-cremefarben, rot**
Anzahl total:	**17**
noch vorhanden:	**3**

BDe 4/4 6

Bei der Modernisierung der Fahrzeugflotte auf der Chur-Arosa-Linie mit der Anschaffung der ABDe 4/4 481 – 486 sah die RhB die Chance, für die Misoxer-Linie ebenfalls ein neues Fahrzeug zu bekommen. SWS und BBC lieferten 1958 einen vierachsigen Triebwagen, welcher als BDe 4/4 491 in Betrieb kam. Er war auf allen vier Achsen angetrieben, bot 16 Sitzplätze in der zweiten Klasse sowie einen 11 m² großen Laderaum, welcher mit maximal 5 Tonnen beladen werden durfte. Der Triebwagen verrichtete zuverlässig seine Dienste. Neben Personenzügen wurde er vor allem im Rollschemmelverkehr zum Anschluss des Valmoesa-Stahlwerks eingesetzt. Als schließlich 1978 der Personenverkehr im Misox endete, kam der BDe 4/4 491 noch für den spärlichen Güterverkehr zum Einsatz, welcher aber mit der Stilllegung des Valmoesawerks ebenfalls endete. Der Verein, welcher auf dem verbliebenen Reststück Museumsbetrieb durchführte, setzte den BDe 4/4 491 zusammen mit anderen Triebwagen (ex AB, ex ASm) an bestimmten Wochenendtagen ein. Bevor der Bahnbetrieb komplett eingestellt wurde, erhielt er noch eine neue Betriebsnummer: BDe 4/4 6. Danach drohte dem Triebwagen der Abbruch, doch so weit kam es aber zum Glück nicht. Er steht seit 2021 in Bergün beim Albulamuseum und dient als »Grotto 491«. Mit ihm blieb der einzige originale »Misoxer-Triebwagen« der Nachwelt erhalten.

Erbauer:	**SWS, BBC**
Inbetriebnahme:	**1958**
v max:	**65 km/h**
Dienstgewicht:	**42,8 t**
Leistung:	**677 kW**
Länge über Puffer:	**17'770 mm**
angetriebene Achsen:	**4**
Anstrich:	**rot**
Anzahl total:	**1**
noch vorhanden:	**1**

Be 4/4 514 – 515

Im Jahr 1971 erhielten die RhB vier Triebwagen (Be 4/4 511 – 514) mit Thyristorsteuerung (stufenlose Stromrichter) und dazu passende Zwischen- und Steuerwagen. Bei den vier Triebwagen wurden bereits 1977/78 die hinteren Führerstände ausgebaut, sie fanden bei den 1979 gelieferten Be 4/4 515 und 516 eine weitere Verwendung. Mit diesen damals durch die Hersteller SIG, FFA und SAAS gefertigten, modernen und gefälligen Zügen konnte auf lokbespannte Regionalzüge verzichtet werden. Sie bekamen schnell die Übernamen »Stammnetz-Pendelzüge« oder »Vorortspendelzüge«. Von 1994 bis 2000 durchliefen die Triebwagen ein Refit-Programm, bei dem neben einer Neuverkabelung und Austausch der Stromrichteranlage auch die runden Lampen durch rechteckige Scheinwerfer ersetzt wurden. Ebenfalls wurden die früher üblichen Senkfenster gegen Klappfenster getauscht. In den Jahren 2013 und 2014 erhielten die Fahrzeuge noch eine optische Auffrischung und wurden farblich an die »Allegra-Züge« angepasst. Die Triebwagen boten 40 Sitzplätze in zweiter Klasse, Abteile erster Klasse gibt es nur in den dazu passenden Steuerwagen (ABDt 1711 – 1716). Die Züge waren als drei- oder vierteilige Pendelzüge im Einsatz. Bis zur Ablieferung der neuen, vierteiligen Allegra-Züge kamen sie hauptsächlich als Regionalzüge auf der Achse Schiers – Landquart – Chur – Thusis zum Einsatz. Ihr letztes Einsatzgebiet war die Linie Klosters Platz – Davos Platz, oder gelegentlich Filisur – Davos Platz, seltener noch Pontresina – Scuol-Tarasp. Es standen zehn Zwischenwagen mit den Nummern B 2411 – 2420 zur Verfügung. Ab 2021 gingen die nicht mehr benötigten Triebwagen 511 – 513 und 516 in den Abbruch. Die Be 4/4 514 und 515 erlebten im Jahr 2022 quasi nochmals einen zweiten Frühling und kamen, fernab ihrer Heimat, auf der Matterhorn-Gotthard-Bahn (MGBahn) aufgrund eines Großanlasses als Verstärkerzüge zwischen Fürgangen-Bellwald und Andermatt zum Einsatz. Nach dem Ende des Großanlasses wurden die Triebwagen zurück an die RhB verkauft. Der Be 4/4 514 konnte vom Bahnmuseum Albula übernommen werden und befindet sich heute, nachdem er in Bergün abgestellt war, in Surava. Über den ebenfalls noch vorhandenen und abgestellten Be 4/4 515 ist derzeit noch keine definitive Entscheidung gefallen.

Erbauer:	**SIG, FFA, SAAS**
Inbetriebsetzung:	**1971, 1979**
v max:	**90 km/h**
Dienstgewicht:	**45 t**
Leistung:	**780 kW**
Länge über Puffer:	**12'700 mm**
angetriebene Achsen:	**4**
Anstrich:	**rot**
Anzahl total:	**6**
noch vorhanden:	**2**

De 2/2 151

Die damalige Berninabahn (BB) beschaffte 1909 für Güterzüge auf der »Talstrecke« von Poschiavo nach Tirano (I) einen zweiachsigen Gepäcktriebwagen, der durch die Firmen SIG und Alioth erbaut wurde. Bei der Ablieferung hieß das Fahrzeug Fe 2/2 51 und war bis 1951 mit einem Lyra-Bügel ausgestattet. 1965 erfolgte die Umbezeichnung in De 2/2 151. Schon bereits 1942 und 1961/62 wurde der Holzaufbau dieses Einzelgängers erneuert. 1980 bekam der Wagenkasten schließlich zum Schutz gegen die Witterung eine Blechverkleidung. An beiden Fahrzeugenden besitzt das Fahrzeug einen Führerstand, der gegen den Gepäckraum hin offen ist. Der Triebwagen trug insgesamt vier verschiedene Farbanstriche. Früher gehörten neben dem Führen von Güterzügen auch Vorspanndienste am Bernina zu seinem Einsatzgebiet. In den Sommermonaten war er außerdem oft auf der Station Bernina Hospitz dem Rangierdienst zugeteilt. Auch wurde er immer wieder mal für Dienstzüge auf der Puschlaver Talstrecke eingesetzt. Dank des Einholmstromabnehmers und des orangefarbenen Anstrichs sieht das Fahrzeug eigentlich recht modern aus, obwohl es bald einmal 115 Jahre (!) alt ist. Die Ladefläche des De 2/2 151 beträgt 13,08 m2, es kann Ware bis zu einem Gewicht von 2,5 t geladen werden. Die Tore befinden sich beidseitig in der Fahrzeugmitte. Vor dem Umbau, als der Fahrzeugkasten noch aus Holz war, besaß der Triebwagen Fronttüren. Aufgrund seines hohen Alters und einem fehlenden Verwendungszweck wollte sich die RhB vom De 2/2 151 trennen. Glücklicherweise konnte er vom Verein club1889 übernommen werden. Es ist geplant, das Fahrzeug als eine Art »Bistro« weiterzuverwenden.

Erbauer:	**SIG, Alioth**
Inbetriebsetzung:	**1909**
v max:	**45 km/h**
Dienstgewicht:	**13 t**
Leistung:	**154 kW**
Länge über Puffer:	**7'150 mm**
angetriebene Achsen:	**2**
Anstrich:	**braun, früher grün**
Anzahl total:	**1**
noch vorhanden:	**1**

Draisinen Dm

Wie die SBB und andere Schweizer Privatbahnen auch, besaßen die RhB einige Motordraisinen, welche hauptsächlich von den Bahnmeistern zur Streckeninspektion oder für einen kurzfristigen Transport zwischen Stationen benutzt wurden. Um 1920 lieferte die Schweizer Firma Asper eine Motordraisine, welche für vier Personen Platz bot. Zu Beginn der Sechzigerjahre wurde das Kleinfahrzeug ausrangiert und kam 1964 ins Verkehrshaus der Schweiz nach Luzern, wo es auch heute noch (in Braun gestrichenem Zustand) zu bewundern ist. Um das Innenleben besser zu sehen, wurde ein Teil der vorderen Verschalung entfernt. Eine weitere Motordraisine (Zweisitzer) kam um 1930 herum von einer schwedischen Firma zur RhB. Diese Draisine wurde 1968 an die Westschweizer Museumsbahn Blonay – Chamby (BC) abgegeben, wo sie sich auch heute noch befindet.

G 3/4 11 und 14

Die 16 Tenderlokomotiven des Typs G 3/4 waren die ersten Triebfahrzeuge auf den Schienen der RhB, wobei die ersten fünf Lokomotiven 1889 noch an die damalige Landquart-Davos-Bahn (LD) geliefert wurden. Diesen Lokomotiven mit den Nummern 1 – 5 folgten vier weiteren Serien mit insgesamt elf Dampfloks (6 – 16), welche zwischen 1896 und 1908 in Betrieb kamen. Nur die ersten acht Lokomotiven trugen Namen mit Bezug zu ihrem Heimatkanton. Aufgrund der frühen Elektrifizierung des Stammnetzes war, wie den G 4/5-Lokomotiven auch, diesen Loks auf der RhB keine lange Einsatzzeit gegönnt, bereits in den Zwanzigerjahren wurde der größere Teil der Serie verkauft oder ausrangiert. Neben der »Rhätia«, der ersten G 3/4, blieben bis heute noch zwei weitere Loks erhalten:

G 3/4 11 (Übername »Heidi«), SLM 1476 / 1903, diente bis 1977 als Dampfreserve in Landquart und ging dann an die Modelleisenbahnfreunde Eiger (MEFEZ) in Zweilütschinen. Sie führte bis zu ihrem Verkauf an den club1889 im Jahr 1999 Dampfzüge auf den Adhäsionsstrecken der Berner Oberland-Bahn (BOB). Die Lokomotive wurde durch den club1889 wieder aufgearbeitet und auf Betrieb mit schwefelarmem Öko-Heizöl umgebaut. Seit 2015 ist sie als G 3/4 11 »Heidi« wieder in Betrieb. Den Namen »Heidi« trägt sie aufgrund eines Gastauftrittes im gleichnamigen Schweizer Film von 1952.

G 3/4 14 (Übername "Madlaina"), SLM 1479 / 1903, diente bis 1972 als Dampfreserve in Samedan und wurde nachfolgend von den Appenzeller Bahnen (AB) übernommen. Bis 2003 führte sie Dampfzüge in der Ostschweiz und wurde dann abgestellt. Danach war sie bis 2014 außer Betrieb und kam ab 2015 auf der Zentralbahn (zb) und der angrenzenden Meiringen-Innertkrichen-Bahn (MIB, heute ebenfalls zb) zu Einsätzen. Nach der Auflösung des Dampfloki-Vereins Herisau fand sie ab 2019 im Jura eine neue Heimat. Sie befindet sich beim Verein »La Tracion SA« und ist betriebsfähig in Pré-Petitjean stationiert, von wo aus die »Madlaina« Dampfzüge durch die Freiberge führt.

Erbauer:	**SLM**
Inbetriebsetzung:	**1903**
v max:	**45 km/h**
Dienstgewicht:	**34 t**
Leistung:	**250 PS**
Länge über Puffer:	**8'434 mm**
angetriebene Achsen:	**3**
Anstrich:	**schwarz, Führerhaus zeitweise grün**
Anzahl total:	**16**
noch vorhanden:	**3**

G 4/5 118, 123

Zwischen 1904 und 1915 nahmen die RhB insgesamt 29 Schlepptender-Lokomotiven mit der Bezeichnung G 4/5 101 – 129 in Betrieb. Da die Elektrifizierung des Stammnetzes schon früh abgeschlossen war und mit der Anschaffung der Stangenlokomotiven Ge 2/4, Ge 4/6 und Ge 6/6' insgesamt 30 Lokomotiven in Betrieb kamen, war den Dampfloks auf der RhB kein langes Leben gegönnt. Während zwei G 4/5 nach Brasilien und vier Loks nach Spanien verkauft wurden, verblieben die beiden G 4/5 107 und 108 bis zum heutigen Tag auf der RhB. Insgesamt 18 G 4/5 (Loks 112 – 129) fanden zwischen 1926 und 1927 in Thailand eine neue Heimat und standen als RSR 331 – 348 im Einsatz, wurden aber zwischen 1950 und

Erbauer:	SLM
Inbetriebsetzung:	1912, 1914
v max:	45 km/h (30 km/h rückwärts)
Dienstgewicht:	67,6 – 68,5 t
Leistung:	800 PS
Länge über Puffer:	13'970 mm
angetriebene Achsen:	4
Anstrich:	schwarz-grün
Anzahl total:	29
noch vorhanden:	4 (2 als Denkmal)

1966 ausrangiert. Nachweislich sind bis heute zwei G 4/5-Lokomotiven als Denkmalfahrzeuge erhalten geblieben. Die ehemalige 118 (SLM 2208 / 1912) steht als RSR 340 seit 1965 als Denkmal am Bahnhof von Chiang Mai. Die G 4/5 123 (SLM 2332 / 1914) wurde als letzte ihrer Art 1966 ausrangiert und war lange Zeit in der Werkstätte Makkasan (Bangkok) abgestellt. Langsam eroberte die Natur die verwahrloste Lok »zurück« und sie war hinter Gestrüpp kaum mehr auszumachen. Vor einiger Zeit wurde die Lok aber äußerlich schön hergerichtet und soll im Eisenbahnmuseum Bangkok ausgestellt werden, welches allerdings noch auf seine Eröffnung wartet.

Ge 2/4 205, 207 und 212

Mit der Inbetriebnahme der sieben Ge 2/4 201 – 207 (SLM, BBC) bekam die RhB 1912 und 1913 ihre ersten elektrischen

Lokomotiven. Die Lokomotiven waren, einfach, aber robust gebaut. Eine Antriebsstange verband die beiden Antriebsachsen, unter den Führerständen befand sich je eine Laufachse. Die ursprünglich grün gestrichenen Lokomotiven erhielten aber bereits 1921 und 1922 ihren braunen Anstrich. 1943 und 1946 durchliefen fünf Lokomotiven (201 – 204 und 206) einen Umbau. Während drei davon einen neuen Lokkasten bekamen, behielten die zwei anderen mehr oder weniger ihre Form, büßten aber u.a. einen Stromabnehmer ein. Von dieser Fahrzeugserie sind bis heute drei Lokomotiven anderweitig erhalten geblieben, die Ge 2/4 222 (ex 204) ist nach wie vor als historische Lok bei der RhB vorhanden.

Ge 2/4 205 diente zum Schluss ihrer Dienstzeit als Reserve in Landquart, ehe sie ab 1974 als fahrfähiges Denkmal (auf Rollen) im Technikum Winterthur aufgestellt wurde. Danach war sie einige Zeit in Arth-Goldau im Freien abgestellt. Heute befindet sich die Lokomotive in der Remise Filisur und ist im Besitz des club1889.

Ge 2/4 207 diente bis zu ihrer Ausrangierung im Jahr 1974 als Reserve in Samedan. Seit 1982 ist sie im Verkehrshaus der Schweiz in Luzern ausgestellt. Da sie auf einer Seite aufgeschnitten wurde, ist ihr »Innenleben« gut zu sehen.

Die Ge 2/4 212 entstand 1946 aus dem Umbau der Ge 2/4 206. Sie besitzt einen anderen Fahrzeugaufbau mit zwei verschieden langen Vorbauten und dazwischen liegendem Führerhaus und stand bis zu ihrer Ausrangierung 2006 als Rangierlok meist in Chur, Landquart oder Ilanz im Einsatz. Seit 2007 steht sie als dunkelbraun gestrichenes Lokdenkmal im Kanton Fribourg in Grangees-Paccot und dient als Blickfang für die Modellbahnanlage »Chemin de fer du Käserberg«.

Erbauer:	**SLM, BBC**
Inbetriebsetzung:	**1913**
v max:	**50 – 55 km/h**
Dienstgewicht:	**30 – 36,7 t**
Leistung:	**220 – 450 kW**
Länge über Puffer:	**8'700 mm**
angetriebene Achsen:	**2**
Anstrich:	**braun, früher grün (212 auch orangefarben)**
Anzahl total:	**7**
noch vorhanden:	**4 (2 als Denkmalfahrzeuge)**

Ge 4/4 81

Im Jahr 1916 lieferten die BBC und die SLM eine sechsachsige Drehgestell-Lokomotive, um dem steigenden Güterverkehr auf der Bernina-Linie sowie der Einführung des Winterbetriebs gerecht zu werden. Da der Dreieck-Antrieb der beiden Drehgestelle immer wieder Probleme bereitete, wurde 1928/29 durch die SLM bei den Drehgestellen die Mittelachse durch eine Blindwelle ersetzt, woraus aus der Ge 6/6 eine Ge 4/4 wurde. Die ursprüngliche Nummer 81 behielt sie bis 1961, von da an war sie als Ge 4/4 181 unterwegs. Die Lokomotive war bei der Ablieferung grün lackiert, erhielt später aber einen braunen Anstrich. Durch Umbauten erhielt die Lokomotive erheblich bessere Laufeigenschaften, weshalb sie auch vor schwereren Reisezügen eingesetzt wurde (u.a. auch der berühmte Bernina-Express). Der interessante und historisch wertvolle Einzelgänger stand auf der Bernina-Linie bis 1965 im Einsatz, danach übernahmen die Triebwagen 41 – 46 ihre Aufgaben. Zum Glück wurde die Lok nicht

Erbauer:	BBC, SLM (Umbau)
Inbetriebsetzung:	1928
v max:	50 km/h (nach Umbau 45 km/h)
Dienstgewicht:	45,6 t
Leistung:	705 kW
Länge über Puffer:	13'900 mm
angetriebene Achsen:	4 (früher 6)
Anstrich:	braun, früher grün
Anzahl total:	1
noch vorhanden:	1

abgebrochen, sondern fand ab 1970 bei der damals noch jungen Westschweizer Privatbahn Blonay – Chamby (BC) eine neue Heimat. Auf dieser gut 3 km langen Strecke kam sie oft vor Museumszügen zum Einsatz, war dann aber auch wieder mal längere Zeit abgestellt. Nach erfolgter Revision steht die Lok wieder im Einsatz. Zur großen Freude vieler Eisenbahnfans kehrte die Ge 4/4 81 2021/22 in ihre alte Heimat zurück und wurde für Extrazüge auf ihrer einstigen Stammstrecke eingesetzt. Dabei kam es auch zum Wiedersehen mit der Ge 4/4 182. Im Herbst 2022 kehrte die Ge 4/4 81 wieder in die Westschweiz zurück und dürfte in der nächsten Fahrsaison wieder oberhalb des Genfersees zum Einsatz kommen.

Ge 4/4 182

Im Jahr 1928 lieferten die SLM und die SAAS eine moderne elektrische Lokomotive an die Berninabahn (BB). Da die ursprünglich als Ge 4/4 82 bezeichnete Lokomotive mit der Fabriknummer 3210 vom Aufbau her an die RhB-Krokodile erinnert, erhielt sie den Übernamen »Bernina-Krokodil«. Auffallend an der formschönen Lok waren die damals großen, fest montierten Schneeräumer, welcher aber im Jahr 1946 demontiert wurden. Bereits 1943 ging die damals sanierungsbedürftige Berninabahn (BB) an die RhB über, mit ihr auch die Ge 4/4 82. Die Einzelgängerin wurde nach Ablieferung neuer Triebwagen hauptsächlich für den Güterverkehr verwendet, Einsätze vor Personenzügen wurden selten. 1961 erhielt sie die Nummer 182 und im Jahr 1965 wurden die Scherenpantographen durch Einholmstromabnehmer ersetzt. Die Lok bewährte sich gut und stand bis 1977 unermüdlich auf der Berninalinie im Einsatz. Danach wurde die Lok ausrangiert und bis 1981 im Verkehrshaus ausgestellt. Später stand sie einige Zeit in Landquart abgestellt, ehe sie 1984 die Schweiz verließ und nach

Erbauer:	SLM, SAAS
Inbetriebsetzung:	1928
v max:	45 km/h
Dienstgewicht:	43 t (früher mit Schneepflügen 44,8 t)
Leistung:	440 kW
Länge über Puffer:	14'400 mm
angetriebene Achsen:	4
Anstrich:	braun, früher grün
Anzahl total:	1
noch vorhanden:	1

Frankreich gegeben wurde. Dort sollte sie auf der Museumsbahn St-Georges-de-Commières – La Mure (SGLM) für Nostalgiezüge eingesetzt werden. Doch so weit ist es gar nie gekommen, die Lok wurde (wie andere Schweizer Triebwagen auch) nie eingesetzt und ihr Zustand verschlechterte sich massiv. 1999 holte der club1889 nach langen Verhandlungen die »Ruine« zurück in die Schweiz. Die Aufarbeitung dauerte zwar etwas länger als geplant, doch das Resultat konnte sich sehen lassen. Im Jahr 2010, zum 100. Geburtstag der Berninabahn, durfte sie mit Stolz wieder auf ihrer ursprünglichen Heimatlinie verkehren. Die Lok, welche heute wieder passende Scherenpantographen besitzt, ist mehrmals jährlich vor Sonderzügen im Einsatz und hat eine große Fangemeinde. Bleibt noch zu erwähnen, dass bei der Ablieferung die Frontlichter neben den Führerstandsfenstern montiert hatten. Der Einbau in den Vorbau geschah erst viel später.

Ge 4/6 391

Mit der Fabriknummer 2275 lieferten die SLM in Zusammenarbeit mit der AEG 1912 diese elektrische Lokomotive an die RhB aus. Es handelte sich eigentlich um die dritte Variante einer Ge 4/6-Lokomotive, welche die RhB in der Zeitspanne zwischen 1912 und 1914 beschafften. Äußerlich war sie den Ge 4/6-Lokomotiven 301 und 351 – 355 sehr ähnlich, die elektrische Ausrüstung stammte bei der Ge 4/6 391 aber von der AEG aus Berlin. Auch der Antrieb mit zwei Einphasen-Kollektor-Motoren war bei dieser Lokomotive anders. Wie die anderen Loks dieses Typs besaß die 391 vier miteinander verbundene Antriebsachsen sowie zwei Laufachsen unter den Führerständen. Die in Samedan stationierte Lokomotive kam hauptsächlich auf der Albula-Linie zum Einsatz, besaß aber eine Zulassung für das gesamte RhB-Stammnetz. 1937 war sie in einen schwereren Unfall verwickelt und wurde danach durch die SLM neu aufgebaut. Sie stand ohne größere Umbauten und Änderungen noch bis 1973 im Einsatz, wurde dann abgestellt und 1977 definitiv ausrangiert. 1980 wurde die Lok von der AEG erworben und stand eine Zeitlang in Viernheim (D) ausgestellt, bevor sie nach Berlin ins Deutsche Technikmuseum gebracht wurde, wo sie auch heute noch bewundert werden kann.

Erbauer:	**SLM, AEG**
Inbetriebsetzung:	**1913**
v max:	**50 km/h**
Dienstgewicht:	**55,4 t**
Leistung:	**440 kW**
Länge über Puffer:	**11'000 mm**
angetriebene Achsen:	**4**
Anstrich:	**braun**
Anzahl total:	**1**
noch vorhanden:	**1**

Ge 6/6' 402, 406, 407 und 411

Mit der fortschreitenden Elektrifizierung ihres Netzes benötige die RhB neue, zugkräftige Lokomotiven. Mit den 15 zwischen 1921 und 1929 beschafften Ge 6/6' 401 – 415 konnte der Fahrzeugpark vergrößert und die Ge 2/4 sowie die Ge 4/6 entlastet werden. Führten sie zuerst Personen- und Güterzüge wurden die Lokomotiven nach dem Zweiten Weltkrieg und der Inbetriebnahme der Ge 4/4'-Lokomotiven hauptsächlich im Güterverkehr eingesetzt. Die ganze Lokserie stand bis 1974 komplett im Einsatz, ehe mit der Lok 401 die erste Lok nach einem Unfall ausrangiert wurde. Mit der Ausrangierung der 412 im Jahr 2008 endete die Außerdienststellung dieser beliebten Lokomotiven. Die 414 und 415 sind nach wie vor vorhanden und werden öfters für Extrafahrten oder zu bestimmten Anlässen eingesetzt. Vier weitere Lokomotiven blieben der Nachwelt erhalten:

Ge 6/6' 402 (SLM 2754 / 1921)
steht seit 1985 im Verkehrshaus der Schweiz, Luzern

Ge 6/6' 406 (SLM 2758 / 1921)
kam 1984 als Denkmal nach Zürich Oerlikon (BBC), ab 1999 in Pratteln aufgestellt, 2005 an das Bahnmuseum Kerzers gegeben, 2015 nach Deutschland verkauft (Viessmann, Battenberg)

Ge 6/6' 407 (SLM 2840 / 1922)
kam 1985 an die Schweizerische Bankgesellschaft Zürich Altstetten als Denkmal, ab Juli 1994 in Bergün unterhalb des Bahnhofs aufgestellt, seit 2011 als Denkmal am Bahnhof beim Bahnmuseum Albula, Bergün

Ge 6/6' 411 (SLM 3044 / 1925)
2000 nach einem leichten Unfall ausrangiert, seit 2001 als Denkmal im Deutschen Technikmuseum München aufgestellt

Erbauer:	SLM, BBC, MFO
Inbetriebsetzung:	1921, 1922, 1925
v max:	55 km/h
Dienstgewicht:	65,7 t
Leistung:	882 kW
Länge über Puffer:	13'300 mm
angetriebene Achsen:	6
Anstrich:	braun
Anzahl total:	15
noch vorhanden:	6 (2 als historische Fahrzeuge, 3 als Denkmale)

Gm 3/3 231 – 233

Anfangs der Siebzigerjahre prüfte die RhB die Anschaffung von neuen Diesellokomotiven. Der Hauptgrund war unter anderem die Inbetriebnahme einer neuen Güterumladeanlage in Landquart. Schließlich wurden bei der französischen Firma »Moyse« drei dreiachsige Diesellokomotiven bestellt, welche ab 1975 zum Einsatz kamen. Dank der relativ großen Fenster und der teilweise verglasten Tür hat das Personal beim Rangieren optimale Sichtverhältnisse. Im Gegensatz zu anderen Fahrzeugen dieser Größe besitzen diese kleinen Rangierlokomotiven eine Vielfachsteuerung, welche 1984/85 durch die RhB selber eingebaut wurde. Bei Bedarf konnten sie auch mit einer Schneeschleuder eingesetzt werden, weshalb die Loks über eine passende Fernsteuerung verfügten, mit welcher die Schleuder bedient werden konnte. Das Haupteinsatzgebiet der drei Gm 3/3 beschränkte sich aber hauptsächlich auf die umfangreichen Gleisanlagen im Bahnhofsbereich, bei den Depot- und Werkstätteanlagen und der Güterumschlaganlage (Schmalspur / Normalspur) in Landquart sowie auch im Bahnhof Chur. Die Lokomotiven eigneten sich auch deshalb gut dafür, weil dort nicht alle Gleise elektrifiziert sind. An beiden Standorten wurden regelmäßig einzelne oder mehrere Wagen den Zügen an- oder abgekuppelt. Zugelassen waren sie auf dem ganzen Netz der RhB. In der Schweiz sind Lokomotiven des Herstellers »Moyse« nicht in sehr großer Zahl zu finden. Bei einigen Firmen gibt es normalspurige Werktraktoren desselben Herstellers, außerdem finden sich einige wenige Rangiertraktoren bei anderen Schweizer Privatbahnen. Im Februar 2021 wurden die drei Lokomotiven aus dem Dienst genommen und konnten an die DFB verkauft werden. Während eine der drei Lokomotive für den Einsatz mit der Schneeschleuder vorgesehen ist, werden die anderen zwei Fahrzeuge als Ersatzteilspender dienen.

Erbauer:	**Moyse**
Inbetriebsetzung:	**1975/76**
v max:	**55 km/h**
Dienstgewicht:	**34 t**
Leistung:	**220 kW**
Länge über Puffer:	**7'960 mm**
angetriebene Achsen:	**3**
Anstrich:	**orangefarben**
Anzahl total:	**3**
noch vorhanden:	**3**

Tm 4 (ex Xm 2/2 9913)

Im Jahr 1934 beschaffte die damals noch selbständige Chur-Arosa-Bahn (ChA) einen Fahrleitungsturmtriebwagen, der durch die Firmen Puch und Daimler erbaut wurde. Der Xm 2/2 16 erhielt dann bei der Übernahme der ChA durch die RhB ab 1942 die Bezeichnung Xm 2/2 9037, welche aber bereits im Jahr 1950 auf Xm 2/2 9913 geändert wurde. Der ursprüngliche Achtzylinder-Viertakt-Benzinmotor wurde während eines größeren Umbaus 1957 durch einen Saurer-Dieselmotor ersetzt. Der größere Motor steigerte zwar die Leistung, aber das Fahrzeug musste deshalb um gut einen Meter verlängert werden. Die Hebevorrichtung auf dem Dach kann mit hydraulischer Vorrichtung auf die gewünschte Höhe bewegt werden. Bis 1994 stand das Fahrzeug immer noch auf der Chur-Arosa-Linie im Einsatz und war im Depot Chur Sand stationiert, eine Zulassung hatte es aber für das gesamte RhB-Netz. Nach Anschaffung neuerer und modernerer Fahrzeuge wurde es 1995 zum Verkauf ausgeschrieben und fand prompt auf der Westschweizer Privatbahn Montreux Oberland bernois (MOB) eine neue Heimat. Lange war es noch in den ehemaligen RhB-Farben unterwegs, heute erstrahlt der Tm 4 im dunklen MOB-Blau und ist meistens in Les Avants stationiert, von wo aus er für leichte Bau- und Dienstzüge benutzt wird. Das Fahrzeug erreicht bald ein stattliches Alter von 90 Jahren!

Erbauer:	**Daimler, Puch**
Inbetriebsetzung:	**1934**
v max:	**35 km/h (55 km/h geschleppt)**
Dienstgewicht:	**10 t**
Leistung:	**48 kW**
Länge über Puffer:	**6'640 mm**
angetriebene Achsen:	**2**
Anstrich:	**dunkelblau (früher orangefarben, oxydrot, grau)**
Anzahl total:	**1**
noch vorhanden:	**1**

Tm 2/2 7

Im Jahr 1950 baute die RhB in Eigenregie auf dem Fahrgestell des ausrangierten Gepäckwagens F 4011 (Baujahr 1903) diesen Fahrleitungsturmtriebwagen, der die Bezeichnung Xm 2/2 9914 erhielt. Ebenfalls wurden noch Bauteile von anderen ausrangierten Fahrzeugen (Ge 2/4, Ge 4/6, Bernina-Triebwagen) weiterverwendet. Am Bau des Fahrzeugs war auch noch die MFO beteiligt. Mit diesem Fahrzeug, welches auf dem gesamten RhB-Netz außer der Berninalinie zugelassen war, besaß die RhB neben den zwei älteren Turmwagen über ein leistungsfähiges Fahrzeug, welches für den Unterhalt der Fahrleitung genutzt werden konnte. Bei Bedarf konnten auch noch mehrere Wagen mitgeführt werden. Bei diesem Fahrzeug diente der Stromabnehmer lediglich zum Beobachten und Kontrollieren der Fahrleitung, konnte aber auch bei abgeschalteter Fahrleitung zur Schutzerdung benutzt werden. 1965 wurde das Untergestell erneuert. Die Arbeitsbühne wird mittels eines batteriebetriebenen Elektromotors der gewünschten Höhe angepasst. 1997 erhielt das Fahrzeug einen neuen Mercedes-Motor, wobei es etwas an Leistung einbüßte. Die früher freistehenden Lampen wurden danach in den Fahrzeugkasten integriert. Nach beinahe 60 Jahren im Dienst der RhB wurde das Fahrzeug ausrangiert und fand bei der Westschweizer Privatbahn MOB (Montreux-Oberland bernois) eine neue Heimat. Als Tm 2/2 7, immer noch in den gelben RhB-Farben, ist es dort mit über 70 Jahren immer noch im Einsatz, dient nach wie vor dem Unterhalt der Fahrleitung und ist in Château-d'Oex stationiert. Wegen fehlender Magnetschienenbremse darf er auf dem Abschnitt Montbovon – Montreux nicht eingesetzt werden. Bis auf ein paar Details war er mit dem unterdessen abgebrochenen Xm 2/2 9915 der RhB identisch.

Erbauer:	**RhB, MFO**
Inbetriebsetzung:	**1903 / 1950**
v max:	**50 km/h (geschleppt 60 km/h)**
Dienstgewicht:	**21 t**
Leistung:	**90 kW (vor Umbau 123 kW)**
Länge über Puffer:	**8'740m**
angetriebene Achsen:	**2**
Anstrich:	**gelb, früher rotbraun**
Anzahl total:	**1**
noch vorhanden:	**1**

Tm 68

Für das Manöver in der Station Grüsch übernahm die RhB von der CMN (Chemin de fer montagnes neuchâteloises) einen kleinen, zweiachsigen Rangiertraktor, welcher bis heute ein Einzelstück blieb. Gebaut wurde der Traktor 1948 durch RACO und Scintilla. Trug er bei der CMN noch die Bezeichnung Tm 2/2 1, bekam er bei der RhB die Betriebsnummer 68. Der etwas urig aussehende Tm 2/2 68 stand bei der RhB bis 1990 (meist in Grüsch) im Einsatz und konnte dann an den DFB (Dampfverein Furka-Bergstrecke) verkauft werden, nachdem genügend modernere und leistungsfähigere Traktoren in Betrieb genommen werden konnten. Beim DFB wurde das Fahrzeug stark umgebaut und die eine Frontwand sowie ein Teil des Daches wurden entfernt. Dadurch sieht das Fahrzeug moderner aus als es eigentlich ist. Längere Zeit diente es dem Manöver in Realp DFB, ist aber heute abgestellt. Es wird bei der DFB durch die Dieselcrew betreut.

Erbauer:	RACO, Scintilla
Inbetriebsetzung:	1948
v max:	20 km/h
Dienstgewicht:	3,5 t
Leistung:	18 kW
Länge über Puffer:	4'100 mm
angetriebene Achsen:	2
Anstrich:	orangefarben, später rot
Anzahl total:	1
noch vorhanden:	1

Tm 2/2 91

Im Jahr 1959 beschaffte die RhB bei RACO zwei kleine Baudiensttraktoren. Sie entsprechen einem in der damaligen Zeit in der Schweiz weitverbreiteten Fahrzeugtyp, wie er auch bei der SBB und anderen, normal- und schmalspurigen Privatbahnen zu finden war. Die als Tm 2/2 91 und 92 in Betrieb gesetzten Fahrzeuge waren mit einem Saurer-Dieselmotor ausgerüstet und waren von Beginn an oxydrot gestrichen, erhielten aber erst 1992/93 ihr gelbes Farbkleid. Sie waren vom Aufbau her auch mit den Tm 2/2 15 – 26 verwandt, unterschieden sich aber vor allem im optischen Bereich, weil bei diesen beiden Fahrzeugen das Dach über die ganze Fahrzeuglänge gezogen wurde. Die beiden Traktoren (Fabriknummern 1546 und 1547) besaßen eine Zulassung für das gesamte RhB-Netz, dienten aber hauptsächlich dem Führen von leichteren Bauzügen oder dem Gleisunterhalt. Ihre seitlichen Rollladen erhielten sie erst 1986 eingebaut. Mit der Inbetriebnahme von moderneren und leistungsfähigeren Traktoren wurden diese beiden Fahrzeuge entbehrlich und konnten 2006 (91) respektive 2007 (92) vom DFB übernommen werden. Der Tm 2/2 91 ist normalerweise in Realp DFB stationiert und dort für das Manöver zuständig. Der Tm 2/2 92 war in Gletsch beheimatet, wurde aber 2010 nach Griechenland ausgeliehen. 2015 beendeten Probleme mit dem Getriebe die Einsätze des Tm 2/2 92 und er wurde anschließend abgebrochen. Der Tm 2/2 91 ist heute noch auf der DFB vorhanden und mit einem Wappen des Kantons »Uri« verziert. Seine ehemalige RhB-Betriebsnummer trägt er heute noch. Das Ladegewicht beträgt stattliche 2 Tonnen.

Erbauer:	**RACO**
Inbetriebsetzung:	**1959**
v max:	**50 km/h (geschleppt 55 km/h)**
Dienstgewicht:	**10 t**
Leistung:	**48 kW**
Länge über Puffer:	**5'040 mm**
angetriebene Achsen:	**2**
Anstrich:	**gelb, früher oxydrot**
Anzahl total:	**2**
noch vorhanden:	**1**

Tm 2/2 15, 16, 20, 21, 25 und 26

In insgesamt vier Teilserien lieferte der für Rangiertraktoren bekannte Hersteller Robert Aebi & Co. (RACO) der RhB zwölf zweiachsige Kleinmotorfahrzeuge. Auffallend an dieser einfachen Fahrzeugkonstruktion ist das am Ende angeordnete Führerhaus, der Rest des Fahrzeugs besteht aus einer Plattform, mit welcher maximale Lasten von bis zu zwei Tonnen befördert werden konnte. Die Traktoren machten sich im Rangierdienst nützlich und waren auf Bahnhöfen wie St. Moritz, Disentis/Mustér, Tirano, Surava, Reichenau-Tamins, Schiers, u.a. verteilt. Die ursprünglich als Tm 2/2 56 – 67 bezeichneten Fahrzeuge wurden 1989/90 zu 15 – 26 umnummeriert, da die Nr. 56 zukünftig von einem Triebwagen der Reihe ABe 4/4''' benützt wurde. Der Tank eines Tm 2/2 fasst maximal 70 Liter Dieselkraftstoff. 1989 und 1990 erhielten die Traktoren leistungsfähigere Cummins-Dieselmotoren, welche die originalen 4-Zylinder-Dieselmotoren (Saurer) ersetzten. Zu einem späteren Zeitpunkt wurde der unterste Teil des Führerhauses am Fahrzeugende sowie der unterste Teil der Plattform am anderen Fahrzeugende mit gelb-schwarzem »Warnanstrich« versehen. Die Tm 2/2 verrichteten zuverlässig ihre Rangierdienste. Mit der Anschaffung von neuen Traktoren und dem Wegfall der ihnen zugeteilten Dienste konnte dann doch mehr und mehr auf die Fahrzeuge verzichtet werden. Mit dem Tm 2/2 23 verschwand 2006 das erste Fahrzeug der Serie. Während sechs Traktoren abgebrochen wurden, konnten fünf weitere Fahrzeuge nach Frankreich an Museumsbahnen gegeben werden. Mit dem Tm 2/2 26 ist ein Fahrzeug in der Schweiz verblieben, allerdings weit ab seiner einstigen Heimat. Er dient dem Verein Sernftalbahnmuseum in Elm als Verschubfahrzeug. Für diese Traktoren bildeten die an die SBB gelieferten Tm'' 601 – 853 (ebenfalls RACO) das Basisfahrzeug, wobei bei diesen das Dach über das ganze Fahrzeug angeordnet war.

Tm 2/2 15	ex 64	1957	2010 nach Frankreich
Tm 2/2 16	ex 65	1957	2021 nach Frankreich
Tm 2/2 17	ex 66	1957	2008 Abbruch
Tm 2/2 18	ex 67	1957	2008 Abbruch
Tm 2/2 19	ex 62	1962	2008 Abbruch
Tm 2/2 20	ex 63	1962	2021 nach Frankreich
Tm 2/2 21	ex 57	1965	2010 nach Frankreich
Tm 2/2 22	ex 58	1965	2021 Abbruch
Tm 2/2 23	ex 59	1965	2006 Abbruch
Tm 2/2 24	ex 60	1965	2007 Abbruch
Tm 2/2 25	ex 61	1965	2021 nach Frankreich
Tm 2/2 26	ex 56	1969	2021 nach Elm (CH)

Erbauer:	RACO
Inbetriebsetzung:	1957 – 69
v max:	30 km/h (55 km/h geschleppt)
Dienstgewicht:	9 t
Leistung:	62 kW
Länge über Puffer:	5'060 mm
angetriebene Achsen:	2
Anstrich:	orangefarben, früher oxydrot
Anzahl total:	12
noch vorhanden:	6

Xm 2/2 9912

Bei diesem interessanten Einzelgänger handelt es sich um einen Fahrleitungsturmwagen, welchen 1962 die Firma RACO für die RhB erbaute. Neben RACO waren auch noch die SLM sowie die RhB selber (IW Landquart) am Bau beteiligt. Vom Grundaufbau her ist er mit den Tm 2/2 15 – 26 verwandt. Er diente damals als Nachfolger für ein älteres Fahrleitungsfahrzeug mit derselben Nummer 9912, welches dann 1962 abgebrochen wurde. Der luftgekühlte SLM-Dieselmotor wurde 1990 durch einen Cummins-Dieselmotor ersetzt, im selben Jahr erhielt der Xm 2/2 9912 noch eine Vakuumbremse, dadurch konnte bei größerem Gefälle auch ein oder zwei leichtere Wagen mitgeführt werden. Obwohl der 9912 auf dem gesamten RhB-Netz zugelassen war, blieb seine Domäne die Bernina-Linie, wo das kleine Fahrzeug auch mit den engsten Kurvenradien dieser kurvenreichen Strecke keine Probleme hatte. Nachdem neue Fahrzeuge für den Fahrleitungsunterhalt angeschafft worden waren, war der 9912 seit 2014 ohne Hebebühne unterwegs und konnte noch für leichteren Rangierdienst eingesetzt werden. Der früher oxydrot und heute gelb gestrichene Xm 2/2 9912 war zwischendurch auch mal in orangefarbenem Anstrich unterwegs und stand doch gut 60 Jahren im Einsatz, wurde dann aber ausrangiert, weil für den Fahrleitungsunterhalt und das Manöver genug moderne Fahrzeuge zur Verfügung stehen. Als historisch wertvolles Fahrzeug soll er umgebaut werden und ist derzeit in Samedan eingestellt. Als oxydroter Tm 2/2 62 wird er nach erfolgter Aufarbeitung wie ein Rangiertraktor der Serie Tm 2/2 15 – 26 im Ursprungszustand aussehen und an diese Serie von Kleinmotorfahrzeugen erinnern. Ebenso wird er dann durch den club1889 für das Rangieren der historischen Wagen in Samedan verwendet werden können. Das Fahrzeug trägt die Fabriknummer 1633.

Erbauer:	**RACO, SLM**
Inbetriebsetzung:	**1962**
V max:	**45 km/h (geschleppt 60 km/h)**
Dienstgewicht:	**12,5 t**
Leistung:	**69 kW**
Länge über Puffer:	**5'060 mm**
angetriebene Achsen:	**2**
Anstrich:	**gelb, früher oxydrot, orangefarben**
Anzahl total:	**1**
noch vorhanden:	**1**

Xrotd 9214

Um einen sicheren Winterbetrieb zu gewährleisten, beschaffte die damalige Berninabahn (BB) 1910 zwei selber fahrende Dampfschneeschleudern. Die bei der Ablieferung als G 2x 3/3 1051 und 1052 bezeichneten Fahrzeuge wurden durch die SLM mit den Fabriknummern 2149 (1910) und 2299 (1912) erbaut. Die Fahrzeuge bestehen im Prinzip aus drei Teilen: ein Schleuderrad, das Fahrzeug selber mit Holzkastenaufbau sowie einem zweiachsigen Tender. Das Schleuderrad hat einen Durchmesser von 2'500 mm und eine maximale Drehzahl von 170 U/min. Bei der Übernahme der BB durch die RhB im Jahr 1943 erhielten die beiden Fahrzeuge die Nummern R 13 und 14, ab 1954 bekamen sie dann ihre heutigen Nummern und Bezeichnung Xrotd 9213 und 9214. Stationiert waren die beiden Fahrzeuge in Pontresina und Poschiavo. Zwischen den beiden Schneeschleudern gab es im technischen Bereich einige Unterschiede. Während die 9213 nach wie vor in Pontresina stationiert ist und bei bestimmten Anlässen eingesetzt wird, kam die 9214 ab 1968 nach Landquart, weil mit den beiden damals neuen Schneeschleudern Xrotet 9218 und 9219 ab 1967 zwei moderne Schneeschleudern in Betrieb kamen. 1990 wurde die 9214 dann an die DFB gegeben, welche sie aber 1996 gegen die R 12, welche sich bei der BC befand, eintauschen konnte. Die 9214 dient heute als Blickfang bei der Museumsbahn Blonay – Chamby und ist in Chaulin-Musée ausgestellt. Dort erhielt sie vor einigen Jahren eine optische Auffrischung.

Erbauer:	**SLM**
Inbetriebsetzung:	**1912**
v max:	**36 km/h (12 km/h Schleuderbetrieb)**
Dienstgewicht:	**64 t (Maschine 45,5 t, Tender 18,5 t)**
Leistung:	**428 kW**
Länge über Puffer:	**13'865 mm**
angetriebene Achsen:	**6**
Anstrich:	**braun**
Anzahl total:	**2**
noch vorhanden:	**2**

R 12

Relativ kurz nach der Inbetriebnahme der beiden Dampfschneeschleudern für die Berninabahn bekam die Rhätische Bahn zwei ähnliche, ebenfalls durch Dampf angetriebene Schneeschleudern. 1913 erbaute die SLM zwei solche Dienstfahrzeuge (Fabriknummern 2398 und 2399), welche für die damalige Zeit doch schon recht fortschrittlich wirkten. Das Fahrzeug besteht aus einem recht wuchtigen Schleuderrad (Durchmesser 2'500 mm, 150 U/min), dem Kasten samt Motor, Kessel und Antriebselementen sowie einem zweiachsigen Tender. Die beiden damals als R 11 und R 12 bezeichneten Fahrzeuge hatten eine Zulassung für das gesamte RhB-Netz und waren in Landquart respektive Davos und Samedan stationiert. Sie verfügten zwar über einen Hilfsantrieb, um sich selber fortbewegen zu können, für die Schneeräumung war aber jeweils ein Schubfahrzeug nötig. Nach der Übernahme der BB durch die RhB besaß die RhB dann insgesamt vier Dampfschneeschleudern. Die R 11 und R 12 wurden 1954 in Xrotd 9211 und 9212 umbezeichnet. Mit der Beschaffung neuer Schneeschleudern konnte dann auf das erste Fahrzeug verzichtet werden und noch im 1964 wurde die Xrotd 9211 ausrangiert und 1966 abgebrochen. Die 9212 hielt sich bei der RhB noch bis 1968 im Bestand und gelangte 1970 zur damals noch jungen Museumsbahn Blonay – Chamby (BC) in der Westschweiz. Nach der Ausrangierung der Bernina-Schneeschleuder Xrotd 9214 im Jahr 1990 (an DFB) wurden 1996 beide Schneeschleudern ausgetauscht: während die 9214 zur BC kam, fand die 9212 bei der DFB eine neue Bleibe. Eine Gruppe von Eisenbahnfreunden um einen bekannten Enthusiasten arbeitete die 9212 in jahrelanger Arbeit wieder auf und die wieder als R 12 bezeichnete Dampfschneeschleuder konnte 2021 feierlich eingeweiht werden. Heute ist das Fahrzeug in Realp DFB stationiert und gehört schweizweit zu den schönsten Schienenfahrzeugen überhaupt. Gelegentlich war sie auch schon an Schneeräumungsarbeiten auf der Furka-Bergstrecke beteiligt.

Erbauer:	**SLM**
Inbetriebsetzung:	**1913**
v max:	**12 km/h (Schleuderbetrieb)**
Dienstgewicht:	**58,2 t**
Leistung:	**ca. 600 PS**
Länge über Puffer:	**14'410 mm**
angetriebene Achsen:	**4**
Anstrich:	**grau, dunkelgrün**
Anzahl total:	**2**
noch vorhanden:	**1**

Xrotm 9216

Bei der 1958 durch Beilhack und RACO gelieferten Schneeschleuder Xrotm 9216 handelte es sich um die kleinste Schneeschleuder der RhB. Bei dieser zweiachsigen Schleuder ließen sich die beiden Schleuderaggregate sowie die Auswurfrohre seitlich verstellen, ebenso konnte der gesamte Fahrzeugaufbau um 180 Grad abgedreht werden. Zuvor war sie in Landquart stationiert und kam auch auf der Albula-Nordseite zum Einsatz, wurde aber Mitte der Achtzigerjahre ins Depot Chur Sand (Chur-Arosa-Linie) versetzt. Die 9216 besaß eine Zulassung auf dem gesamten RhB-Netz, blieb aber, da mit der Zeit genügend andere Schleudern vorhanden waren, meistens der Chur-Arosa-Linie zugeteilt. Das nicht selber fahrende Dienstfahrzeug benötigte jeweils eine Schublokomotive. Mit der Anschaffung der neuen Schleudern Xrotm 954 01 – 04 konnte auf die Dienste der 9216 verzichtet werden. Im Jahr 2015 konnte sie von der DFB übernommen werden, ist seither in Realp DFB stationiert und macht sich bei der Schneeräumung nützlich. Sie trägt immer noch ihren orangefarbenen RhB-Anstrich, die Nummer 9216 und steht doch schon seit 65 (!) Jahren im Einsatz. Die Schleuderräder haben eine Drehzahl von 417 U/min. Aufgrund ihrer eher kleinen Dimensionen erhielt sie noch bei der RhB die Übernamen »Schleuderina« oder »Schleuderchen«.

Erbauer:	**Beilhack, RACO**
Inbetriebsetzung:	**1958**
v max:	**50 km/h (geschleppt)**
Dienstgewicht:	**15 t**
Leistung:	**162 kW**
Länge über Puffer:	**7'600 mm**
Anstrich:	**orangefarben**
Anzahl total:	**1**
noch vorhanden:	**1**

Xrotet 9219

Da auf der Bernina-Linie immer noch die Dampfschneeschleudern im EInsatz standen, beschaffte die RhB bei Beilhack – am Bau war auch die BBC beteiligt – zwei neue elektrische Schneeschleudern. Die 1967 als Xrotet 9218 und 9219 in Dienst gestellten Schneeschleudern waren in Poschiavo und Pontresina stationiert. Die nicht selber fahrenden Dienstfahrzeuge besaßen zwar eine Zulassung für das gesamte RhB-Netz sowie auch für die FO- und die BVZ-Strecke, dennoch waren sie hauptsächlich am Bernina unterwegs. Der Aufbau der Fahrzeuge war um 180 Grad drehbar, als Schublokomotiven kamen meistens die Gem 4/4 801 – 802 zum Einsatz. Der Schleuderraddurchmesser der beiden verstellbaren Schleuderräder beträgt 750 mm, die maximale Drehzahl 363 U/min. Der maximalen Räumhöhe von 3'050 mm steht eine maximale Räumbreite von 3'600 mm gegenüber. Mit der Inbetriebnahme der neuen, durch Zaugg gelieferten Schneefräsen konnte auf die beiden Fahrzeuge verzichtet werden. Im Dezember 2013 wurde die 9218 abgebrochen, die 9219 konnte zu Beginn 2015 von der MGBahn übernommen werden, die das Fahrzeug nach ihren Bedürfnissen umbaute. Heute ist sie als Xrotm 4936 (Diesel) in umgebauter Version in Betrieb und meistens in Disentis/Mustér stationiert.

Erbauer:	**Beilhack, BBC**
Inbetriebsetzung:	**1967**
v max:	**55 km/h (Fahrbetrieb)**
Dienstgewicht:	**24,5 t**
Leistung:	**514 kW**
Länge über Puffer:	**9'100 mm**
Achsen:	**2**
Anstrich:	**orangefarben, früher oxydrot**
Anzahl total:	**2**
noch vorhanden:	**1**

G 3/3 2, 4

Bei diesen 1890 durch die SLM erbauten Dampflokomotiven handelte es sich um zwei Maschinen, welche zunächst als HG 3/3 2 (Fabriknummer 614) und 4 (Fabriknummer 616) an die Berner Oberland-Bahn (BOB) geliefert wurden. 1914 kamen die beiden Fahrzeuge zur RhB, das Zahnrad wurde allerdings noch zuvor durch die BOB ausgebaut. Die beiden Lokomotiven dienten zum Führen der Bauzüge auf der Bahnlinie nach Arosa, kamen aber auch gelegentlich für »provisorische« Reisezüge zum Einsatz. Mit dem Abschluss der Bauarbeiten verblieben die beiden Lokomotiven noch bis 1918 (Lok 4) respektive 1920 (Lok 2) bei der Chur-Arosa-Bahn. Sie wurden danach an die Bündner Kraftwerke in Küblis (Lok 2) respektive an die Lonza AG in Thusis verkauft. Danach wurden sie abgebrochen. Sie gehörten zu einer Serie von insgesamt sechs Dampflokomotiven der BOB, von denen heute aber keine mehr existiert.

Erbauer:	**SLM**
Inbetriebsetzung:	**1890**
v max:	**30 km/h**
Dienstgewicht:	**28,5 t**
Leistung:	**350 PS**
Länge über Puffer:	**7'328 mm**
angetriebene Achsen:	**3**
Anstrich:	**schwarz**
Anzahl total:	**2**
noch vorhanden:	**--**

G 2x 2/2 21 – 22

Die Lokfabrik Maffei lieferte 1891 mit den Fabriknummern 1613 und 1614 zwei Mallet-Dampflokomotiven mit den Nummern 6 und 7 (anlehnend an die fünf G 3/4-Lokomotiven 1 – 5) an die LD. Da sie über einiges mehr an Leistung als die G 3/4-Lokomotiven verfügten, übernahmen sie den schweren Dienst zwischen Küblis und Davos. 1910 und 1911 wurden beide Lokomotiven durch die HW Landquart umgebaut und erhielten neben einem neuen Kessel und einem neuen Führerhaus auch eine Laufachse an der Fahrzeugfront zur Verbesserung der Fahreigenschaften. Die neue Bezeichnung war dann G 2/3 + 2/2. Schon während der Übernahme der LD durch die RhB erhielten die Lokomotiven die Nummern 21 und 22 und die Namen »Scaletta« und »Albula«. Im Zuge der Elektrifizierung konnte auf die Dampflokomotiven verzichtet werden. Bereits 1920 verkaufte die RhB die Maschinen nach Brasilien, wo sie um 1944 abgebrochen wurden.

Erbauer:	**Maffei**
Inbetriebsetzung:	**1891**
v max:	**45 km/h**
Dienstgewicht:	**40,5 t (nach Umbau 47,3 t)**
Leistung:	**430 PS**
Länge über Puffer:	**10'250 mm (nach Umbau 10'644 mm)**
angetriebene Achsen:	**4**
Anstrich:	**schwarz**
Anzahl total:	**2**
noch vorhanden:	**--**

G 2/2 + 2/3 23 – 24

Im Jahr 1896 lieferte die SLM zwei weitere Mallet-Dampflokomotiven ins Bündnerland. Im Gegensatz zu den beiden Vorgängerlokomotiven wurden diese beiden Loks, 23 »Maloja« (Fabriknummer 958) und 24 »Chiavenna« (Fabriknummer 959) bereits mit je einer Laufachse gebaut, allerdings am Ende der Maschine unter dem Führerstand. Bereits 1915 und 1917 wurden die beiden Lokomotiven abgestellt, konnten aber erst 1926 an die Kraftwerke Oberhasli verkauft werden. Dort kamen sie beim Bau der Werkbahn (die heutige Bahnstrecke Meiringen – Innertkirchen, zb) für den Transport des Bahnschotters zum Einsatz. Nach dem Ende der Bauarbeiten wurden die Lokomotiven überflüssig und abgestellt. 1940 gingen dann beide Dampfloks in den Abbruch.

Erbauer:	**SLM**
Inbetriebsetzung:	**1896**
v max:	**45 km/h**
Dienstgewicht:	**44,5 t**
Leistung:	**500 PS**
Länge über Puffer:	**10'343 mm**
angetrieben Achsen:	**4**
Anstrich:	**schwarz**
Anzahl total:	**2**
noch vorhanden:	**--**

G 2/3 + 2/2 25 – 32

Als dritte und letzte Serie von Mallet-Dampflokomotiven bekamen die RhB 1902 und 1903 nochmals acht Dampflokomotiven. Bei dieser Serie war die Laufachse wiederum an der Fahrzeugfront angebracht. Die als G 2/3 + 2/2 bezeichneten Lokomotiven (ohne Namen) trugen die Nummern 25 – 32. Sie standen bis 1921 bzw. 1926 im Einsatz und wurden danach weiterverkauft:

25	(Fabriknummer 1480)	1921 nach Madagaskar, Abbruch um 1951
26	(Fabriknummer 1481)	1926 an YSteC, 1947 nach Spanien, Abbruch 1968
27	(Fabriknummer 1482)	1926 an YSteC, Abbruch 1946
28	(Fabriknummer 1483)	1926 an YSteC, 1947 nach Spanien, Abbruch 1968
29	(Fabriknummer 1484)	1921 nach Madagaskar, Abbruch um 1951
30	(Fabriknummer 1485)	1921 nach Madagaskar, Abbruch um 1951
31	(Fabriknummer 1486)	1921 nach Madagaskar, Abbruch um 1951
32	(Fabriknummer 1487)	1921 nach Madagaskar, Abbruch um 1951

Mit dem Abbruch der ehemaligen Loks 26 und 28 endete 1968 leider das »Kapitel« der formschönen Mallet-Dampflokomotiven der Rhätischen Bahn.

Erbauer:	**SLM**
Inbetriebsetzung:	**1902 – 1903**
v max:	**45 km/h**
Dienstgewicht:	**47,3 t**
Leistung:	**500 PS**
Länge über Puffer:	**10'626 mm**
angetriebene Achsen:	**4**
Anstrich:	**schwarz**
Anzahl total:	**8**
noch vorhanden:	**--**

CFm 2/2 150

Als Gemeinschaftsprodukt von SLM, Scintilla und SIG entstanden 1927 für die damalige FO zwei Benzintriebwagen, welche als CFhm 2/2 21 und 22 in Dienst gestellt wurden. Die Fahrzeuge sollten in frequenzschwachen Zeiten eingesetzt werden, vermochten aber leider aufgrund technischer Schwierigkeiten nicht zu überzeugen. Der Wagen 22 wurden 1947 von der RhB erworben. Das Triebzahnrad wurde ausgebaut und das hauptsächlich für Dienstfahrten oder für »Spätkurse« im Prättigau verwendete Fahrzeug stand nur bis 1955 im Dienst. 1959 erfolgte schließlich der Abbruch des Fahrgestells, der Wagenkasten blieb noch bis Mitte der Siebzigerjahre erhalten. Der CFhm 2/2 21 verblieb bei der FO, bis er 1957 ausrangiert wurde und 1965 dem Verkehrshaus der Schweiz übergeben werden konnte. Noch bei der FO kam es ab 1941 nur noch für Dienstfahrten zum Einsatz. 1996 wurde das historisch wertvolle Fahrzeug dem DFB übergeben, welcher ihn seit 2008 in Aarau eingelagert hat. Bestrebungen, das Fahrzeug wieder aufzuarbeiten und gegebenenfalls mit einem Dieselmotor auszustatten, sind durchaus vorhanden. Dieses Fahrzeug war allerdings nie im Besitz der RhB.

Erbauer:	**SLM, SIG, Scintilla**
Inbetriebsetzung:	**1927**
v max:	**45 km/h**
Dienstgewicht:	**18,1 t**
Leistung:	**107 kW**
Länge über Puffer:	**11'076 mm**
angetriebene Achsen:	**2**
Anstrich:	**dunkelrot**
Anzahl total:	**2**
noch vorhanden:	**1**

Tm 2/2 69

Im Jahr 1927 erhielt die RhB ihren allerersten Rangiertraktor, welcher 1927 durch die SLM mit der Fabriknummer 3222 erbaut wurde. In Betrieb gesetzt wurde er als Gm 2/2 51, doch schon 1930 in Tm 2/2 51 umbezeichnet. 1949 trug er lediglich für ein Jahr die Bezeichnung Xm 9901, bevor er 1950 in Tm 2/2 69 umnummeriert wurde. Das einfach gebaut Fahrzeug hatte zwei angetriebene Achsen, welche mit einer Antriebsstange verbunden waren. Das fast quadratisch gebaute Führerhaus befand sich leicht versetzt in der Fahrzeugmitte. 1957 wurde der Benzinmotor durch einen Dieselmotor ersetzt. Hauptsächlich war es in Chur, Tiefencastel oder Untervaz stationiert. Ansonsten stand das Fahrzeug ohne größere Änderungen bis 1981 im Einsatz und wurde anschließend abgebrochen. Von der Form her ähnliche Traktoren existierten auch bei der Post (ex SBB), der MO und der BT.

Erbauer:	**SLM**
Inbetriebsetzung:	**1927**
v max:	**26 km/h**
Dienstgewicht:	**21 t**
Leistung:	**66 kW**
Länge über Puffer:	**6'380 mm**
angetriebene Achsen:	**2**
Anstrich:	**grün. später oxydrot**
Anzahl total:	**1**
noch vorhanden:	**--**

Tm 2/2 70

Ein weiteres Unikat auf den Gleisen der RhB war der 1930 durch SLM und Austro Daimler erbaute Tm 2/2 11, welcher allerdings noch an die damalige Chur-Arosa-Bahn (ChA) geliefert wurde. Der Traktor mit seiner einzigartigen Form war hauptsächlich in Chur und Arosa stationiert und erlebte während seiner Einsatzzeit kaum größere Änderungen. Das Fahrzeug war lediglich mit einer Wurfhebelbremse ausgestattet. Nach der Übernahme der ChA 1942 bekam der Traktor die Nummer 52, ab 1950 schließlich die Nummer 50, welche er bis zu seinem Abbruch 1957 behielt.

Foto: J. Grosser

Erbauer:	**SLM, Austro Daimler**
Inbetriebsetzung:	**1930**
v max:	**19 km/h (geschleppt 25 km/h)**
Dienstgewicht:	**6,5 t**
Leistung:	**22 kW**
Länge über Puffer:	**5'370 mm**
angetriebene Achsen:	**2**
Anstrich:	**weiß-blau, später grün**
Anzahl total:	**1**
noch vorhanden:	**--**

Te 2/2 71 – 73

Im Jahr 1945 bekamen die RhB die ersten drei elektrischen Rangiertraktoren, welche durch die SLM und SAAS erbaut wurden. Die drei Fahrzeuge hatten zwei durch eine Antriebsstange verbundene Antriebsachsen sowie eine komplett überdachte Plattform, welche mit maximal 2 Tonnen Gewicht beladen werden konnte. Sie bewährten sich gut und besaßen eine Zulassung für das Stammnetz. Sie machten sich hauptsächlich im Rangierdienst nützlich und waren auf Stationen wie Filisur, Davos-Platz oder Grüsch stationiert. 1969 wurde dem Te 2/2 73 noch eine Wagen-Vorheizanlage eingebaut. Schon 1961 und 1962 wurde den damals dunkelgrün gestrichenen Traktoren ein oxydrotes Farbkleid verpasst, 1985 – 1987 erhielten sie schließlich ihren orangefarbenen Anstrich. Die Traktoren standen ohne größere Umbauten bis 2006 (73), 2007 (71) respektive 2008 (72) in Betrieb. Die ehemalige FO besaß mit dem Te 2/2 4926 ein sehr ähnliches Fahrzeug, welches heute noch erhalten ist. Von den beiden an die Brünigbahn gelieferten, ebenfalls ähnlichen Te' 198 und 199 blieb auch ein Fahrzeug erhalten.

Erbauer:	**SLM, SAAS**
Inbetriebsetzung:	**1945**
v max:	**30 km/h (geschleppt 55 km/h)**
Dienstgewicht:	**13 t**
Leistung:	**230 kW**
Länge über Puffer:	**6'050 mm**
angetriebene Achsen:	**2**
Anstrich:	**orangefarben, früher grün, oxydrot)**
Anzahl total:	**3**
noch vorhanden:	**--**

Te 2/2 74 – 75

Bei diesen beiden »Exoten« handelte es sich um elektrische, thyristorgesteuerte Bahndiensttraktoren, welche 1969 als Gemeinschaftsprodukt der Firmen Schalker Eisenhütte und Siemens entstanden. Die etwas bullig aussehenden Fahrzeuge trugen auch spaßeshalber den Übernamen »Panzerwagen«. 1986 und 1987 wurde beiden Traktoren ein Hydraulikkran eingebaut, worauf das Fahrzeug zwei Tonnen schwerer wurde. Die dem Baudienst zugeteilten Fahrzeuge waren hauptsächlich in Landquart und Thusis stationiert und besaßen eine Zulassung für das Stammnetz. Dennoch war man mit diesen Fahrzeugen nie so richtig glücklich geworden, da sie recht störanfällig waren. 1986 und 1987 wurden die beiden oxydroten Fahrzeuge gelb gestrichen. Beim Te 2/2 75 wurde 1997 der Kran wieder entfernt. 2000 ging der Te 2/2 75 ins Alteisen, der Te 2/2 74 folgte 2003. Dennoch durften sich diese beiden Traktoren damit rühmen, die ersten thyristorgesteuerten Fahrzeuge der RhB gewesen zu sein.

Erbauer:	**Schalker Eisenhütte, Siemens**
Inbetriebsetzung:	**1969**
v max:	**50 km/h (geschleppt 55 km/h)**
Dienstgewicht:	**25 t (ohne Kran 23 t)**
Leistung:	**230 kW**
Länge über Puffer:	**6'720 mm**
angetriebene Achsen:	**2**
Anstrich:	**gelb, früher oxydrot**
Anzahl total:	**2**
noch vorhanden:	**--**

Foto: P. Willen

Ge 4/6 301

Für die Lieferung schwerer Elektrolokomotiven wurden mehrere Hersteller mit der Ablieferung von Entwürfen beauftragt. So lieferten SLM und BBC 1913 mit der SLM-Fabriknummer 2311 die Ge 4/6 301 an die RhB. Die von BBC konzipierte Lokomotive basierte auf dem Prinzip der Ge 2/4 201 – 207. Bereits 1917 wurden die Triebstangen in von V-förmig in Dreiecksform umgebaut. Ab 1921 kam die Ge 4/6 301 auf dem gesamten Stammnetz zum Einsatz. 1957 erhielt die Lok neue Getriebe und stand bis zu ihrer Ausrangierung 1966 im Einsatz. Danach diente sie als Ersatzteilspender für die anderen Lokomotiven und wurde schließlich 1971 abgebrochen. Vom Fahrzeugkasten her waren die Ge 4/6 351 – 355 und 391 mit jenem der 301 sehr ähnlich.

Erbauer:	**SLM, BBC**
Inbetriebsetzung:	**1913**
v max:	**50 km/h**
Dienstgewicht:	**55,2 t**
Leistung:	**440 kW**
Länge über Puffer:	**11'500 mm**
angetriebene Achsen:	**4**
Anstrich:	**grün, später braun**
Anzahl total:	**1**
noch vorhanden:	**--**

Foto: G. Brüngger

Ge 4/6 302

Im Jahr 1914 bekamen die RhB, ebenfalls bei SLM und BBC erbaut, eine zweite Ge 4/6-Lokomotive. Die Ge 4/6 302 (Fabriknummer 2436) stand zwar bei der RhB im Einsatz, diente aber vor allem als Vorführ- und Probelokomotive der BBC und der SLM und wurde 1914 auf der Schweizerischen Landesausstellung in Bern präsentiert. Käuflich wurde sie von der RhB erst 1918 übernommen. Im Gegensatz zu den anderen Ge 4/6-Lokomotiven hatte die 302 eine andere Anordnung der Fenster, auch ansonsten unterschied sie sich von den restlichen Maschinen in einigen Bereichen. Dank der Déri-Motoren erbrachte die Lokomotive mehr Leistung als z.B. die 301. Sie stand ohne größere Umbauten bis 1968 im Einsatz, ehe der Transformator durch Isolationsschäden nicht mehr zu gebrauchen war. Sie konnte mit Teilen der 301 zwar wieder in Betreib genommen werden, doch ein weiterer Defekt setzte die 302 im Jahr 1971 endgültig außer Gefecht. Im Jahr 1976 wurde die Maschine abgebrochen.

Erbauer:	**SLM, BBC**
Inbetriebsetzung:	**1914**
v max:	**50 km/h**
Dienstgewicht:	**58 t**
Leistung:	**588 kW**
Länge über Puffer:	**11'000 mm**
angetriebene Achsen:	**4**
Anstrich:	**grün, später braun**
Anzahl total:	**1**
noch vorhanden:	**--**

Foto: J. Grosser

ABDe 4/4 481 – 484

Mit der Betriebsaufnahme der Chur-Arosa-Bahn erhielt die Bahn 1914 ihre ersten vier elektrischen Triebwagen, welche als BCFe 4/4 1 – 4 in Betrieb gesetzt wurden. Erbaut wurden die Fahrzeuge durch die SWS und die BBC. Diese hellblau-weiß gestrichenen, formschönen Triebwagen übernahmen gleich den Gesamtverkehr auf der kurvenreichen Strecke nach Arosa. 1931 und 1932 bekamen die Fahrzeuge neue Motoren und eine Rekuperationsbremse. Ein Triebwagen bot 16 Sitzplätze in der zweiten sowie 24 in der dritten Klasse. Das 5,25 m² große Gepäckabteil durfte mit maximal 1,5 Tonnen beladen werden. Die 481, 482 und 484 bekamen zwischen 1946 und 1950 noch einen grün-cremefarbenen Anstrich, der 483 behielt bis zu seinem Abbruch 1950 die alte Lackierung. 1957 verfielen dann die 481, 482 und 484 dem Abbruch, allerdings blieben die Wagenkästen der 482 noch bis 1969 in Bernina Diavolezza und des 484 bis anfangs der Siebzigerjahre als grün gestrichenes Magazin erhalten. Für den Bau der ABDe 4/4 481 – 486 (1957) konnte zahlreiche Teile der ersten Triebwagenserie weiterverwendet werden.

Erbauer:	**SWS, BBC**
Inbetriebsetzung:	**1914**
v max:	**30 km/h**
Dienstgewicht:	**40 t**
Leistung:	**380 kW**
Länge über Puffer:	**17'490 mm**
angetriebene Achsen:	**4**
Anstrich:	**hellblau-grauweiß, grün-cremefarben**
Anzahl total:	**4**
noch vorhanden:	**--**

ABFe 4/4 485

Zur Verstärkung des Fuhrparks bekam die ChA 1925 einen weiteren, sehr ähnlichen Triebwagen wie die BCFe 4/4 1 – 4. Der BCFe 4/4 5 wurde 1925 ebenfalls durch die SWS und die BBC geliefert. Vom Aufbau her unterschied er sich in einigen wenigen Details zu seinen vier Vorgängern. 1942 bei der Übernahme der ChA durch die RhB erhielt er die Bezeichnung BCFe 4/4 485, mit der Abschaffung der dritten Klasse im Jahr 1956 wurde er zum ABFe 4/4 485 umgezeichnet. Dieser Triebwagen behielt seinen hellblau-grauweißen Anstrich bis zu seinem Abbruch im Jahr 1957. Auch von diesem Triebwagen wurden etliche Teile für die Neubauserie ABDe 4/4 481 – 486 weiterverwendet.

Erbauer:	**SWS, BBC**
Inbetriebsetzung:	**1925**
v max:	**30 km/h**
Dienstgewicht:	**38,9 t**
Leistung:	**380 kW**
Länge über Puffer:	**17'750 mm**
angetriebene Achsen:	**4**
Anstrich:	**hellblau-weißgrau**
Anzahl total:	**1**
noch vorhanden:	**--**

ABFe 4/4 486

Im Jahr 1929 kam ein weiterer und letzter Triebwagen dieser Bauart an die ChA. Auch der BCFe 4/4 6 war mehr oder weniger mit seinen fünf Vorgängern baugleich, besaß aber zum Beispiel mit 3,95 m² ein kleineres Gepäckabteil als die anderen Fahrzeuge. Auch dieser Triebwagen besaß mehrere Anstrichvarianten und Bezeichnungen:

1929 – 1942
hellblau-grauweiß als BCFe 4/4 6

1942 – 1948
hellblau-grauweiß als BCFe 4/4 486

1948 – 1955
grün-cremefarben als BCFe 4/4 487

1955 – 1964
grün-cremefarben als ABFe 4/4 487

1965 – 1969
rot als ABDe 4/4 487

Ein Unfall setzte dem Einsatz des ABDe 4/4 486 ein Ende und der Triebwagen wurde verschrottet. Teile davon wurden für den damals neuen ABe 4/4 487 weiterverwendet.

ABe 4/4 487 – 488

Im Jahr 1973 entstanden durch die SWS und BBC zwei sogenannte »Neubautriebwagen« für die Chur-Arosa-Linie. Für den Bau dieser beiden Triebwagen konnten auch noch Einzelteile des abgebrochenen ABDe 4/4 487 (ex 6, 486) weiterverwendet werden. Im Gegensatz zu den Vorgängern 481 – 486 wurde bei diesen beiden ABe 4/4 487 und 488 auf den Einbau eines Gepäckabteils verzichtet. Um die neuen Fahrzeuge in Vielfachsteuerung mit den bereits vorhandenen Fahrzeugen einsetzen zu können, wurde auf eine Leistungssteigerung verzichtet. Die beiden Triebwagen entsprechen im mechanischen Teil weitgehend jenen drei ABe 4/4-47 – 49 der Berninalinie. Sie standen bis zur Umelektrifizierung der Chur-Arosa-Linie 1997 im Einsatz und wurden danach ausrangiert. 1999 konnten sie von der CJ erworben und an die Verhältnisse im Jura angepasst werden. Sie standen zuerst als ABe 4/4 641 und 642 im Einsatz, nach dem Einbau einer Funkfernsteuerung (2001 und 2002) waren sie als ABef 4/4 641 und 642 bezeichnet. Hauptsächlich wurden sie für Güterzüge (vor allem Kehrichtcontainer) eingesetzt. Mit der Übernahme von vier Triebwagen der Frauenfeld-Wil-Bahn, von denen drei modernisiert und an die CJ angepasst wurden (der vierte diente als Ersatzteilspender), konnte auf diese beiden Fahrzeuge verzichtet werden und sie wurden 2015 (642) respektive 2017 (641) abgebrochen. Bei der RhB besaß ein ABe 4/4 zwölf Sitzplätze in der ersten sowie 24 deren in der zweiten Klasse.

Erbauer:	**SWS, BBC**
Inbetriebsetzung:	**1973**
v max:	**65 km/h**
Dienstgewicht:	**44 t**
Leistung:	**500 kW**
Länge über Puffer:	**16'970 mm**
angetriebene Achsen:	**4**
Anstrich:	**rot**
Anzahl total:	**2**
noch vorhanden:	**--**

Anmerkung: Die Fahrzeugnummern 481 – 487 waren bei der RhB doppelt belegt.

Foto: P. Willen

Xm 2/2 9912

Im Jahr 1929 konnte die RhB einen zweiten Fahrleitungstriebwagen (Daimler / Puch war auch am Bau mitbeteiligt) in Betrieb nehmen. Der Xm 2/2 9015 war vom Aufbau her ähnlich wie sein Vorgänger, unterschied sich aber doch in einigen Dingen. Auch er besaß einen Turmaufbau und eine drehbare Plattform. Er war in Landquart stationiert und bekam, anlehnend an seinen Vorgänger 1950 die Nummer 9912. Das Fahrzeug blieb nahezu unverändert bis 1962 und wurde, nachdem genügend modernere Fahrzeuge zur Verfügung standen, ausrangiert und abgebrochen. Er trug während seiner gesamten Dienstzeit ein graues Farbkleid. Wie der 9911 auch besaß der 9912 eine Zulassung für das Stammnetz. Mit dem Xm 2/2 9912 von 1962 RACO) war die Nummer 9912 bei der RhB zweimal belegt.

Erbauer:	**RhB, Daimler / Puch**
Inbetriebsetzung:	**1929**
v max:	**40 km/h (geschleppt 50 km/h)**
Dienstgewicht:	**6,1 t**
Leistung:	**22 kW**
Länge über Puffer:	**5'300 mm**
angetriebene Achsen:	**2**
Anstrich:	**grau**
Anzahl total:	**1**
noch vorhanden:	**--**

Xm 2/2 9911

Im Jahr 1927 baute die RhB in Eigenregie diesen kleinen Fahrleitungsturmwagen, welcher als Xm 2/2 9012 in Betrieb kam und hauptsächlich in Samedan (ab 1958 Landquart) stationiert war. Der Holzkasten stammte allerdings vom Hersteller Scintilla, der Benzinmotor von Herkules. 1950 wurde er zum Xm 2/2 9911 umbezeichnet. Der grau gestrichene Wagenkasten erhielt 1961 ein oxydrotes Farbkleid. Das einfach gebaute Fahrzeug war mit einem Turmaufbau sowie einer drehbaren Plattform ausgerüstet. 1968 beendete ein Unfall in Castrisch die Karriere des Fahrzeugs, es wurde 1969 abgebrochen.

Erbauer:	**RhB, Scintilla, Herkules**
Inbetriebsetzung:	**1927**
v max:	**55 km/h**
Dienstgewicht:	**6 t**
Leistung:	**26 kW**
Länge über Puffer:	**4'700 mm**
angetriebene Achsen:	**2**
Anstrich:	**oxydrot (früher grau)**
Anzahl total:	**1**
noch vorhanden:	**--**

Xe 4/4 9920 – 9924

Die Bernina - Linie verfügte über insgesamt fünf Hilfstriebwagen der ersten Fahrzeugserie. Bei allen Triebwagen, welche als Xe 4/4 9920 – 9924 in Betrieb standen, handelte es sich um in Eigenregie umgebaute Triebwagen aus der Zeit der Betriebseröffnung:

- der Xe 4/4 9920 entstand aus dem verunglückten BCe 4/4 9, welcher 1953 mit einem

9924
9924

9922
9922

neuen Wagenkasten wieder aufgebaut wurde und in dieser Form bis 1998 existierte.

- der Xe 4/4 9921 entstand 1960 durch den Umbau des ehemaligen BCe 4/4 6. 1969 wurde er ausrangiert und diente noch bis zu seinem Abbruch 1973 als Wagenwärterbude in Pontresina.

- beim Xe 4/4 9922 handelte es sich um den ehemaligen BDe 4/4 38, welcher 1949 aus dem BCFe 4/4 21 entstand. Der Xe 4/4 9922 diente ebenfalls als Hilfswagen der Berninalinie, zuerst in orangefarbenem Anstrich, ab 2000 in hellem Gelb, bis er dann schließlich 2016 abgebrochen wurde. Zuletzt diente er noch dem Fahrleitungsdienst in Poschiavo.

- die baugleichen Xe 4/4 9923 und 9924 entstanden 1997 aus den ABe 4/4 37 (ex BCe 4/4 12) respektive 1998 aus dem ABe 4/4 36 (ex BCe 4/4 14). Sie standen als Hilfsfahrzeuge bis 2012 (9924) sowie 2015 (9923) im Einsatz, da mit den beiden neuen Hilfswagen auf die Fahrzeuge aus der Eröffnungszeit verzichtet werden konnte.

Während der 9920 drei verschiedene Anstrichversionen besaß (grün, oxydrot, orangefarben), standen die 9921, 9923 und 9924 nur in orangefarbenem Anstrich im Einsatz. Lediglich der 9922 wurde im Jahr 2000 noch von orangefarben auf gelb umlackiert, da er als Fahrleitungsdienstfahrzeug eingesetzt wurde. Außer dem Xe 4/4 9921 konnten alle vier Hilfswagen, welche in Pontresina und Poschiavo stationiert waren, mit maximal 3 Tonnen Ware beladen werden.

Erbauer:	**SIG, Alioth**
Inbetriebsetzung:	**1908 – 1911**
Umbau durch RhB:	**1953 – 1998**
v max:	**45 – 55 km/h**
Dienstgewicht:	**29 – 31 t**
Leistung:	**394 – 440 kW**
Länge über Puffer:	**13'910 - 14'660 mm**
angetriebene Achsen:	**4**
Anstrich:	**grün, oxydrot, orangefarben, gelb**
Anzahl total:	**5**
noch vorhanden:	**--**

Xrote 9215

Bei dieser elektrischen Schneeschleuder handelte es sich um ein Umbaufahrzeug, welches aus dem ehemaligen Xü 31 im Jahr 1940 entstand. Das als Xe 1003 bezeichnete Dienstfahrzeug wurde bereits 1943 in R 15 umbezeichnet, anlehnend an die vier Dampfschneeschleudern R 11-R 14. Ihre letzte Nummer Xrote 9215 erhielt sie 1954. Erst war die Schneeschleuder in Pontresina stationiert, später in Landquart. Eine Zulassung war für das gesamte RhB-Netz vorhanden. Die beiden Schleuderräder hatten einen Durchmesser von 1'480 mm und leisteten eine maximale Drehzahl von 170 U/min. Damit konnte eine Räumbreite von 3'100 mm bzw. eine Räumhöhe von 1'600 erreicht werden. Das braun gestrichene Fahrzeug bekam 1966 einen oxydroten Anstrich. Die nicht selbstfahrende Schneeschleuder stand bis 1983 im Einsatz und wurde anschließend abgebrochen.

Erbauer:	**BB**
Inbetriebsetzung:	**1940**
v max:	**45 km/h**
Dienstgewicht:	**21,5 t**
Leistung:	**286 kW**
Länge über Puffer:	**6'960 mm**
Anstrich:	**braun, oxydrot**
Anzahl total:	**1**
noch vorhanden:	**--**

AB	Appenzellerbahnen AG
ABB	Asea Brown Boveri, Baden
AEG	Allgemeine Elektrizitätsgesellschaft, Berlin
Alioth	Elektrizitätsgesellschaft Alioth, Münchenstein
BB	Berninabahn
BBC	Brown Boveri & Cie., Baden
BC	Chemin der fer musée Blonay - Chamby
BM	Ferrovia Elettrica Bellinzona - Mesocco
BOB	Berner Oberland-Bahn
BVZ (heute MGB)	Brig-Visp-Zermatt-Bahn
ChA	Chur-Arosa-Bahn
CJ	Chemins de fer du Jura
CMN	Chemins de fer montagnes neuchâteloises
DFB	Dampfbahn Furka - Bergstrecke
FART	Ferrovie Autolinee Regionali Ticinese SA
FFA	Flug- und Fahrzeugwerke, Altenrhein
FM	Ferrovia Mesolcinese
FO	Furka -Oberalp - Bahn (heute MGB)
GFM	Gruyère - Fribourg - Morat
LD	Landquart - Davos - Bahn
MAN	Maschinenfabrik Augsburg - Nürnberg, SE
MBC	Transports de la Région Morges Bière Cossonay
MEFEZ	Modelleisenbahnfreunde Eiger Zweilütschinen
MFO	Maschinenfabrik Oerlikon
MGB	Matterhorn - Gotthard - Bahn
MOB	Montreux - Oberland - bernois
RACO	Robert Aebi & Co., Zürich
RhB	Rhätische Bahn
SAAS	SA des Ateliers de Sécheron, Geneve
SBB	Schweizerische Bundesbahnen
SEFT	Societa Esercizio Ferroviario Turistico
SIG	Schweizerische Industriegesellschaft, Neuhausen
SLM	Schweizerische Lokomotiv- und Maschinenfabrik, Winterthur
SWA	Schindler Waggo AG, Altenrhein
SWS	Schweizerische Wagons- und Aufzügefabrik, Schlieren
Windhoff	Windhoff, Rheine
Zaugg	Zaugg AG, Eggiwil

Links zur RhB

www.rhb.ch
www.club1889.ch
www.historic-rhb.ch
www.dampfvereinrhb.ch
www.verein-pro-salonwagen.ch
www.haribu.ch
www.rhb-info.ch
www.berninabahn.ch
www.bernina-sud.info
www.bahnoldtimer.com

Verwendete Quellen

Finke, Schweers
Die Fahrzeuge der Rhätischen Bahn 3, Schweers und Wall Verlag, GmbH, 1998

Finke, Schweers
Die Fahrzeuge der Rhätischen Bahn 4, Schweers und Wall Verlag, GmbH, 2000

Rütimann, Rolf
Bellinzona -Mesocco - Bahn, Ernst B. Leutwiler Verlag, 1984

Jeanmaire, Claude
Rhätische Bahn, Stammnetz - Triebfahrzeuge, Archiv 219, Verlag Eisenbahn 1995

Jeanmaire, Claude
Die Gleichstromlinien der Rhätischen Bahn, Archiv 20, Verlag Eisenbahn 1975

Jeanmaire, Claude
Die Dampflokomotiven der Rhätischen Bahn, Archiv 22, Verlag Eisenbahn 1974

Gohl, Ronald
Geranova Verlag, Eisenbahn - Fahrzeugkatalog Band 8, Die Fahrzeuge der Rhätischen Bahn

Wikipedia

WEITERE INTERESSANTE BÜCHER ZUM THEMA

Cyrill Seifert

Schmalspurbahnen in der Schweiz – Alle Lokomotiven und Triebwagen

In keinem anderen Land der Welt verkehren täglich mehr Schmalspurbahnen als in der Schweiz. Dieses Buch enthält eine einmalige Übersicht aller 32 Bahngesellschaften, ihrer Strecken und ihrer Fahrzeuge. Dabei werden kurz und kompetent mehr als 450 Fahrzeugtypen vorgestellt.

288 Seiten, 350 Abbildungen, Format 230 x 265 mm

ISBN 978-3-613-71626-1

€ 39,90 | € (A) 40,80

Cyrill Seifert

Zahnradbahnen der Welt – Die Enzyklopädie

Weltweit ermöglichen Zahnradbahnen seit Jahrzehnten einen entspannten Aufstieg auf zahlreiche Gipfel. Egal ob Deutschland, die Schweiz oder die USA - Cyrill Seifert gibt einen weltweiten Überblick über alle Zahnradbahnen, die für den öffentlichen Verkehr zugänglich sind.

256 Seiten, 350 Abbildungen, Format 230 x 265 mm

ISBN 978-3-613-71377-2

€ 29,90 | € (A) 30,80

Cyrill Seifert

Loks und Triebwagen der SBB – Schweizerische Bundesbahnen seit 1902

In bewährter Form stellt Cyrill Seifert alle Loks und Triebwagen der Schweizerischen Bundesbahnen (SBB) vor. Komprimiert beschreibt der Autor die Geschichte und Entwicklung der einzelnen Fahrzeuge, inklusive ihrer wichtigen technischen Daten und einem anschaulichen Foto.

144 Seiten, 130 Abbildungen, Format 210 x 280 mm

ISBN 978-3-613-71647-6

€ 19,95 | € (A) 20,60

Roland Beier

Loks und Triebwagen der ÖBB – Österreichische Bundesbahnen seit 1947

Alle Lokomotiven und Triebwagen der Österreichischen Bundesbahnen (ÖBB) präsentiert Roland Beier in Wort und Bild – mit neuen Fahrzeugen, bewährten Baureihen und erhaltenen Loks. Die wichtigsten technische Daten sowie ein Abkürzungsverzeichnis vervollständigen das Buch.

144 Seiten, 130 Abbildungen, Format 210 x 280 mm

ISBN 978-3-613-71646-9

€ 19,95 | € (A) 20,60

Leseproben zu allen Titeln auf unserer Internetseite